世界的扬州·文化遗产丛书

历史深处的画舫

——清代扬州北郊园林景观文献对照及复原探索

编　委：

董玉海　顾　风　冬　冰　张福堂　赵御龙　汤卫华
刘马根　徐国兵　姜师立　刘德广

总　编： 董玉海
主　编： 顾　风
副主编： 冬　冰　刘马根

组织编撰机构：
江苏省扬州市文物局（扬州市申报世界文化遗产办公室）

编撰人员：

刘尚杰　樊余祥　孟　瑶　谢青桐　陈晶晶　许玉萍
徐　亮　杨　萍　孙明光　光晓霞　张　益　尤春华
郭　果　韦艾佳　童　剑　贺　辉　吴益群　张　芸
周　浩　杨家华

艺术绘图： 张瑞坤
平面绘图： 吴益群

东南大学出版社

图书在版编目（CIP）数据

历史深处的画舫：清代扬州北郊园林景观文献对
照及复原探索/顾风主编.—南京：东南大学出版社，
2013.3

（世界的扬州·文化遗产丛书）

ISBN 978-7-5641-4124-0

Ⅰ.①历…　Ⅱ.①顾…　Ⅲ.①古典园林—景观—
研究—扬州市—清代　Ⅳ.① TU986.62

中国版本图书馆 CIP 数据核字（2013）第 036235 号

书　　名：历史深处的画舫
　　　　　——清代扬州北郊园林景观文献对照及复原探索
出版发行：东南大学出版社
社　　址：南京市四牌楼 2 号　　邮　　编：210096
出 版 人：江建中
责任编辑：戴　丽　杨　凡
网　　址：http://www.seupress.com

印　　刷：利丰雅高印刷（深圳）有限公司
开　　本：960mm×650mm　1/16　印张：18.5　字数：236 千字
版　　次：2013 年 3 月第 1 版
印　　次：2013 年 3 月第 1 次印刷
书　　号：ISBN 978-7-5641-4124-0
定　　价：98.00 元

经　　销：全国各地新华书店
发行热线：025-83791830

序

郭旃　国际古迹遗址理事会（ICOMOS）副主席

满怀欣喜祝贺《世界的扬州·文化遗产丛书》成书，发行。

关于扬州，古往今来，不知有多少记录和描述。

这次，史无前例地，是在世界遗产的语境中，从全人类文明史发展进程的角度和高度，对扬州所可能具有的世界价值进行新的探讨；是对扬州的过去和现在广泛、深刻的再发现，再认识；是在吸收新的考古发现和研究成果的扎实基础上，梳理和依据确凿的事实和深邃的内涵，进一步发掘、升华和弘扬她的历史成就和当代意义；也是对扬州文化遗产保护新的全面推动、引导、促进、加强和发展；并将影响到扬州以外相关的方方面面。

世界范围的对比，是彰显一个文化、一处文化遗产组合的特质、意义和价值最令人信服的一种途径和方式。

千百年来，不同文化、不同族群、不同地域之间的和平交流和融合，始终是促进人类文明整体进步和繁荣最重要、最明显、最富有成效、不可或缺的因素之一。海上丝绸之路因而受到了联合国教科文组织一致、高度的重视；也因而，有了上个世纪八十年代末、九十年代初来自全球的学者和政府代表对丝绸之路的国际联合考察盛举。

扬州不仅在海上丝绸之路中熠熠生辉，而且牵挂着陆地丝绸之路的远行……

运河作为人类文明交流、沟通的动脉，是人类历史上最伟大的工程和创造。其对文明社会发展的保障和贡献，犹如循环往复、融会交流的大动脉；在古国际公认，中国的大运河无疑是运河中最伟大的一个。无论悠远的过去，还是磅礴的现在，中国大运河对于人类文明进步的影响和作用，都值得全世界赞叹和借鉴。

有国际同行深思和探问，可以看出，西方很多运河都体现出中国运河的古老技术和成就。但是，无论是已经被列入《世界遗产名录》的，还是那些其他的运河，迟于中国运河千余年的她们，是何时，经过何种途径、方式和过程，实现了跨世纪的引进和移植，还是一个谜。

而无论这个千古之谜的答案会有多少，可以肯定的是，和大运河的初创与发展始终密不可分的最著名城市扬州的千年风流，都会是谜底中一幅华丽的篇章。

也有哲人讲，作为人类最杰出成就之一的大运河对于沿岸历朝历代的人民来说，"不是生母，就是乳娘"。作为不同经济、文化发展区域结合点和特殊地理、水域汇合处的扬州，在运河初创和形成过程中的关键地位和作用，和她伴随运河而促生、延续与蓬勃扩展的繁荣，使得她无论在城市格局、建筑、规模、风貌，还是在融汇北雄南秀的综合文化内涵与人文气质，乃至政治经济地位和影响力等各个方面，都独占运河城市的鳌头。以致有国际同仁感叹，世界上再也找不出哪座城市，如扬州般与世间一条最伟大的运河如此相辅相成，造就如此的人间昌盛和永恒。哪怕是驰名的运河城市，荷兰的阿姆斯特丹。

说到扬州融汇的"北雄南秀"，还会想到她历史上特有的庞大的盐商群体，盐商文化，可追溯到战争与和平的瘦西湖，那独具一格的扬州园林，以及这一切关联着的社会政治经济制度和变迁。

世界遗产事业作为人类深层次、高水平、多维度大环保事业和人类可持续发展战略的一部分，不分民族、地域、国度、政体，受到普世的关注、重视、

2

支持和热情参与，长盛不衰。

扬州丰富的内涵、特色和潜质，给扬州争取世界文化遗产的国际地位带来了极大的优势，但也造成了"纠结"——多样的可能和选择，多种机会，但可能只能优先选一。这体现在本丛书的内容和章节中，分出了几大类：瘦西湖、大运河和海上丝绸之路。

一般单从世界遗产的申报来讲，考虑到世界遗产申报的组合逻辑，及当前世界遗产申报限额制与国家统筹平衡的现实，首先申报与扬州历史城市特征及盐商文化传统密切相关，同时也与运河相呼应的瘦西湖、扬州历史城区和园林，妥善命名，作为一组申报，不失为一种选择。

在这一组合申报成功之后，再在合理调整内容的基础上，分别加入大运河、海上丝绸之路的申报组合，形成或交错形成扬州多重世界遗产的身份，是可行的。

另一种选择，作为大运河最突出典范的运河城市和最关键节点，首先参加大运河的世界遗产联合申报。这无疑在近期排除了再单独申报扬州为世界遗产的选择。但这应当不会削弱扬州整体的文化地位和内在的遗产价值，也不影响未来在海上丝绸之路申报世界遗产时的关联。

海上丝绸之路的世界遗产申报还没有近期的计划和预案。可以肯定的是，一旦行动，扬州必会是其中一个亮点。

扬州申报世界遗产的"纠结"源于她的优势，是一种挑战，但不是负面的问题。相信《世界的扬州·文化遗产丛书》会给我们很多相关的启示，进一步有助于"解题"，更加明确地全面促进和推动相关的研究、保护、解读和展示工作。

最要紧的是，扬州有着深厚的文化底蕴，有着不同凡响深爱着家乡和国家、具有高度文化自觉和文明水准的民众和来自四面八方的拥趸；有着顺应民意、愈来愈重视文化遗产保护与传承的当地政府；还有一支淡泊名利，珍视历史使命和机遇，痴心文化遗产事业，又特别能战斗，求实认真，并日渐成熟的专业队伍。这使得相关的努力与世俗的"文化搭台，经济唱戏"不可同日而语，成果和效应也必然会泾渭分明。《世界的扬州·文化遗产丛书》的编辑出版就是又一次明证。

扬州从来就是一个开放的国际化城市。近几年在文化景观、运河遗产等文化遗产各个领域的国际研讨中，扬州又成了全世界同行的一处汇聚地和动力源。联合国教科文组织倡导的新形势下的"历史城市景观"（HUL）保护，扬州的实践也早就在其中。

全世界庆祝和纪念《保护世界文化与自然遗产公约》40周年的活动还在余音缭绕之际，在中华大地上，《世界的扬州·文化遗产丛书》为世界遗产这一阳光事业又奏响了新的乐章。

是为之序。

2013 年 2 月 18 日

序：让历史成就未来
——扬州文化遗产概述

顾　风

2007 年夏，在时任扬州市长王燕文的倡导下，我们鼓足勇气赴京参加了由国家文物局主持的大运河牵头城市的角逐，并最终如愿以偿。政府破例给了十个全额拨款事业单位的名额，于是招兵买马，网罗人才，筹建大运河联合申遗办公室，开始踏上原本我们并不熟悉的申遗之旅。五年过去了，我们这艘"运河申遗之舟"，涉江湖，过闸坝，绕急弯，正在一步步驶近申遗的目的地。五年之中我们在承担大量行政工作的同时，有机会与不同学术背景的中外专家、高校和科研机构接触、合作，通过环境的熏陶和实践的锻炼，我们这支队伍正在快速地成长进步，成为当下和未来扬州文化遗产保护的生力军。五年当中，我们通过对扬州文化遗产全面的研究梳理，2012 年我市被列入世界遗产新预备名单的申遗项目已从 2006 年仅有的"瘦西湖及扬州历史城区"扩展调整为"大运河（联合）、瘦西湖和扬州盐商历史遗迹（独立）、海上丝绸之路（联合）"三项。五年之中，我们另外的一大收获是，通过学习和探索，得以用新的视角对扬州的文化遗产及其价值做出判断和阐释，使我们对扬州这座伟大的城市有了更加清晰、贴近历史真实的深刻认识。

扬州是一座在国内为数不多的通史式城市，她的文化发展史可追溯到6500 年前新石器时代中期，在高邮"龙虬庄"文化折射出江淮东部文明的曙光之后，便连绵不绝。进入封建社会以来，更是雄踞东南，繁荣迭现，影响中外。从汉初开始，吴王刘濞凭借境内的铜铁资源、渔盐之利，把吴国建成了东南地区最具影响力的经济文化中心。其后虽有代兴，但终其两汉，广陵的地位未曾动摇和改变。六朝时期，南北割据，战争频仍，作为南朝首都的重要屏障，广陵战略地位的重要性凸显出来，成为兵家必争之地。隋文帝南下灭陈，结束分裂。一统天下后，在扬州设四大行政区之一的扬州大行台，总管南朝故地，扬州成为东南地区政治、经济、文化中心。杨广即位后，开凿大运河贯通南北，连接东西，扬州具有面江、枕淮、临海、跨河的优越交通条件。作为龙兴之地的扬州，顺其自然地跃升为陪都。中唐以前，扬州虽然有着大都督府或都督府的行政地位，但主要还是依靠隋朝历史影响的延续。

"安史之乱"爆发以后，北方广大地区遭受了严重破坏；北方人口躲避战乱，大量南迁；唐王朝依赖东南地区粮食和财富；国家的经济结构和布局发生了重大变化，不得不作出相应的调整。扬州成为东南漕运的枢纽和物资集散地，赢得了历史上难得的发展机遇，区位优势得到了整体的发挥。扬州成为长安、洛阳两京之外，全国最大的地方城市和国际商业都会。唐末扬州遭受毁灭性的破坏，此后，通过五代、北宋的修复，依然保持着江淮地区政治、经济、文化中心的地位。进入南宋，淮河成为宋、金分治的界线，而扬州则成了南宋朝廷扼淮控江的战略要地。城市性质发生了相应的变化，由一座工商繁荣的经济城市逐渐向壁垒森严的军事基地转变。蒙元帝国建立后，对全国行政系统进行了重大改革，行省制度的建立从政治上巩固了国家的统一，加强了中央集权。元代扬州作为江淮行省机关所在地，管辖范围包括今天江苏的大部、安徽省淮河以南地区、浙江全省和江西省的一小部分。作为东南重镇，其政治、经济地位和文化的影响力远在同时的南京、苏州等城市之上。明清扬州作为两淮盐业中心和漕运枢纽仍然保持着持续的繁荣，尤其在文化方面所具有的影响力和号召力并不因为行政地位的下降而有丝毫的动摇和变化。相反，到清代中期，愈发熠熠生辉，光彩照人。扬州的衰落始于盐业经济的衰落；继之于上海、天津等地的开埠；江南铁路铺设；漕运中止；商业资本大量转移。在这些因素的综合作用下，熊熊的火炉渐渐地失去了以往的能量和温度而慢慢地熄灭。失去了历史风采的扬州，最终不得不让位于上海。这座兴盛于汉，鼎盛于唐，繁盛于清，持续保持了两千年繁荣的城市曾经为中国封建社会的发展进步作出过巨大的贡献，也因此经受了无数次的毁灭和重生。

大运河（扬州段）　盘点扬州文化遗产，大运河和扬州城遗址具有举足轻重的分量和特殊的价值。邗沟是中国最早开凿的运河之一，同时也是正式见诸史籍记载的最早的运河。邗沟的开凿为千年之后大运河的开凿起到了重要的示范作用，这是大运河扬州段的价值之一。其二，自春秋以来，扬州段运河的开凿和整治以及城市水系的调整几乎没有停止过。运河在扬州段形成了交通网络和水系，也形成了运河历史的完整序列，扬州段的运河就是一座名副其实的运河博物馆。其三，由于古代扬州优越的地理位置和经济地位，扬州从唐代开始，一直是漕运的枢纽，所以无论是隋开大运河以后，还是元开南北大运河以后，扬州段的地位都极为重要。其四，作为承担历代漕运繁重任务的运河淮扬段在处理与长江、淮河、黄河三大自然水系的诸多矛盾的过程中，在中国这一用水治水的主战场上，集中使用了最先进的治水理念和水工技术。其五，漕运停止了，北方的运河渐渐失去了活力，有的甚至消失得无影无踪。作为今天北煤南运的重要通道，作为南水北调的东线源头，扬州段的运河还呈现着勃勃生机，这种充满活力的状态不仅体现了大运河这个世界运河之母的强大生命力，也是对大运河这一大型线性活态文化遗产价值的有力支撑。

在农耕文明生产力水平十分低下的条件下，古人"举锸如云"，用血肉之躯开凿运河把一座座城镇联系起来，运河的形成又为沿河城镇提供源源不断的能量，让城镇得以成长和兴旺，同时还不断催生出新的城镇，运河不断积累着中华民族的智慧和经验，也不断促进着中国封建社会的繁荣与进步。

尽管运河城市大都有着相似的成长的经历，但是扬州城市和运河同生共长的历史和城河互动的发展关系堪称中国运河城市鲜活的杰出范例，同时也体现着扬州文化遗产的特殊价值。大运河孕育了扬州的多元文化，大运河也成就了扬州两千年持续的繁荣。

扬州城遗址（隋—宋）　扬州城遗址面积近 20 平方公里，是通过专家评审遴选出来，又经国家文物局正式公布的全国 100 处大遗址之一。把一个联系着城市的前天、昨天和今天的遗址公布为全国重点文物保护单位，它的突出及普遍价值在哪里呢？首先，扬州在文明发展进程中具有历史中心的地位和作用。长期以来作为国家或区域性的政治、经济、文化中心，它的作用和影响长期超越地域范围，是代表国家民族身份的。其次，由于城市东界运河，南临长江，特定的地理环境决定了城市的发展空间和发展模式。扬州城的历史发展变化具有空间和时间上的延续性，有别于长安、洛阳那些具有跨越发展特点的城市，从而成为中国历史城市类型的独特范例。其三，扬州兼有南方城市、运河城市、港口城市的性质，因此它在城市形态、城市水系、城市交通、建筑风格方面都有着鲜明的特点。其四，曾经作为国际国内的商业都会、对外交往的窗口、漕运的枢纽、物资集散地和手工业生产基地，扬州城遗址蕴藏的文化内涵是极为丰富的。它的考古成果对研究中国城市的发展历史十分重要。其五，城市制度的先进性。作为繁华的经济中心，发达的商业和手工业必然对城市的布局、功能分区有所影响，并在城市制度方面也应有所体现。根据史料记载，唐代扬州是有别于两京，率先打破里坊制，出现开放式街巷体系的城市。扬州热闹的夜市，丰富的夜生活，赢得了中外客商和文人雅士的由衷赞美。扬州城市制度划时代的变革对中国城市产生了深远的影响。其六，正因为扬州城存在着发展空间和时间上的延续性，所以城市遗址是属于层叠形态的。它的物理空间有沿有革，但始终存在着有机的联系。尽管扬州历史上屡兴屡废，大起大落，但城市的性质是延续的，城市发展规律还是渐变而非突变的。

　　明清古城　明清古城位于扬州城遗址的东南部，面积仅有 5.09 平方公里，属于全国重点文物保护单位扬州城遗址的重要组成部分。作为扬州主要的文化遗产，它的价值也是多元的。第一，历史空间和历史风貌。作为明清时代扬州的主城区，它是在元末战争结束之后，当时根据居住人口和经济状况重新规划建设的。但很快随着经济的发展和人口的增加，在城市东部出现了新的建城区，最终在嘉靖年间完成了新城的扩建，形成了新城、旧城的双城格局。明清古城蕴含着城市 600 年来大量的历史信息，尤其还保存着真实并相对完整的历史风貌和历史空间；第二，复杂而发达的街巷体系。由于商业的繁荣和高密度的居住人口，为不断适应城市生活的需求，交通组织需要作出相应的调整。复杂而发达的街巷体系成为了扬州独特的城市肌理。第三，城市物理空间的组织和利用。城市物理空间的组织利用水平体现了前人的智慧和能力。明代后期扩建新城一定程度上满足了城市功能的需要，缓解了人口居住的压力。但入清以后，随着盐业经济的迅猛发展，大量外地人口的迁入，这一矛盾又凸显出来。由于运河流经城市的东界和南界，建城区的扩张受到空间的制约。解决问题的有效办法只能是提高城市土地和空间的利用率。狭窄的街巷、鳞次栉比的建筑，凝聚着千家万户的智慧。不同的空间，不同的形式，在这里得到了统一；通风采光的共同需求在这里得到了满足。前人这种高度节约化又体现和而不同的城市规划成果，不仅赢得了当今国际规划大师的赞叹，也足以让众多死搬洋教条的规划师们汗颜。第四，建筑风格的多元化和对时尚的引领。扬州从历史上来说就是一个移民的城市，毁灭与重生，逃离和汇聚，在这里交替发生。商业都会的地位、漕运的枢纽、盐商的聚居，各省会馆的设立，带来了安徽、浙江、江西、湖南等不同地域的建筑

9

文化。这些不同的建筑文化在扬州并不是被简单的复制，而是通过交流、融合，在结构、布局、功能分配甚至工艺、材料的运用上都不断创新，最终汇集为外观时尚新颖，内涵丰富多元的扬州地方建筑特色。博采众长，开放包容，和而不同作为扬州文化的主旋律在扬州建筑文化方面表现得十分直观和生动。扬州式样在引领时尚的同时，也不断辐射和影响着周边省市。第五，盐商住宅的独特价值。两淮盐业经济是扬州的传统产业，明清时期盐业成为这座城市赖以生存和发展的支柱产业。由于靠盐业垄断经营，作为两淮盐业中心的扬州，自然成为盐商聚集的首选之地。扬州在唐代就拥有许多以姓氏命名的私家园林，在盐业资本的作用下，盐业经济呈现出畸形繁荣。建造豪宅、庭园成为一时风尚。个性设计、外观宏伟、结构严整、功能齐全、材料讲究、工艺精湛、园亭配套，成为这类建筑的基本特征。现存的这批盐商宅、园既是扬州盐商的生活遗迹，也是曾经对中国经济、文化产生重要影响的扬州盐商的历史符号。更是中国建筑艺术的不朽作品。它们的独特形态和价值有力地支撑了明清古城的风貌和内涵。第六，传统生活方式的延续和传承。尽管扬州一直以来是一个移民城市，来自不同地域的人们从四面八方带来了不同的文化和习俗。加之盐业经济长期以来对城市生活的深刻影响，扬州的城市生活方式本应该是庞杂无序的。恰恰相反，扬州的城市性质和地位让扬州产生了超强的包容性和融合力，海纳百川，终归于一。扬州不仅有着自己独特的生活方式和风俗习惯，也有着自己的社会秩序和价值取向。丰富的传统节庆活动，和谐的邻里关系，相近的价值观念和人生态度。这种依附于城市特色物理空间的非物质文化遗产同样承载着城市的历史记忆，凝聚着城市的精神，反映了城市的个性，体现着城市的核心价值。

瘦西湖　瘦西湖历史上称保障河，是扬州文化遗产中的奇葩。它的前身原本是隋唐、五代、宋元、明清不同时代城濠的不同段落。作为城市西郊传统的游览区，对它的开发利用可以追溯到隋代。明清之际，在盐业经济的刺激下，盐商群体追求享乐，在历史景观的基础上，扬州的造园活动形成了新的高潮。这种风气从城市延伸到郊外。不同姓氏的郊外别墅和园林逐渐形成了规模和特色，扬州水上旅游线路正式形成。营造园林的市场需求吸引了国内，主要是江南地区的造园名家和能工巧匠向扬州汇聚；同时，本地的营造技术专业队伍也迅速地成长壮大。入清以后，康熙皇帝多次南巡，两淮巡盐御史营建高旻寺塔湾行宫，给扬州大规模的营造活动增添了政治动力。之后，乾隆皇帝接踵南巡，地方官员依赖盐商的雄厚财力，对亦已形成的盐商郊外别墅园林进行大规模的增建、扩建，并着力整合资源，提升景观品质，完成了以二十四景题名景观为骨干的扬州北郊二十四景，实现了中国古代造园史上最后的辉煌。瘦西湖景观作为文化景观遗产具有以下的价值：

一、景观艺术价值。瘦西湖景观是中国郊外集群式园林的代表作。瘦西湖狭长、曲折、形态丰富的水体空间，园林或大或小，建筑或聚或散，或庄或野，形成带状景观，宛如一幅中国传统的山水画长卷。它是利用人工，因借自然的典范；是利用人工妙造自然的杰作，极具东方艺术特质和审美价值。体现了清代盐商、文人士大夫和能工巧匠师法自然的追求；与自然和谐合一的理想。在这个景观之中，一座座园林，一处处景观象画卷一样徐徐展开，气势连贯，人工与自然天衣无缝地融为一体。

二、历史文化价值。瘦西湖景观经过历代演变，层累的历史记忆，深厚的文化内涵，使之最终形成了中国景观设计的经典作品。它既是中国文化景观发展史的缩影；代了清代中期、中国景观艺术的伟大成就；见证了17 —18世纪扬州盐业经济的繁荣和对国家经济文化生活的影响；见证了清中期盐商群体与封建帝王、官员和文化人相互依存的特殊社会关系；也见证了财富大量集聚对社会文化振兴和城市建设发展的特殊贡献。

三、体现人和自然和谐互动的价值。瘦西湖景观是城市聚落营建与水体利用充分结合的杰出范例。它在形成和发展过程中始终兼具城防、交通、生态、游赏等多种功能，与城市发展和人居环境存在着紧密的联系。同时，它在不同阶段功能各有侧重，生动地体现了人与自然和谐互动的关系。

四、瘦西湖景观折射出现世性价值取向。瘦西湖景观体现了造园者和文人雅士模仿自然、寄托理想、营造精神家园的共同追求；也反映了前人对山水的热爱，自然的尊崇和美的认知。2000多年来，扬州饱经战争的浩劫，战争的残酷成了这座城市痛苦悲摧，挥之不去的集体记忆。在和平的年代里，在繁华的现实中，人们追求及时行乐，注重感官享受，崇尚现世幸福，在城市的文化精神和价值取向上呈现出显著的现世性特征。这种现世性价值取向也深刻地影响了扬州景观的审美取向和使用功能。与东晋诗人谢灵运开辟的以寻求自然与隐逸，体现"人"的主体性为特征的中国文人的山水审美相比，瘦西湖景观则具有浓重的世俗社会色彩，大众文化情趣，呈现出更加鲜活的生命力。

五、瘦西湖景观诠释了战争与和平。扬州自古以来就是兵家必争之地。城濠是城市防御系统的基本设施。战争对城市的毁灭性破坏，城市政治、经济地位的变化都会对城市产生重大影响。因为城市的变迁，废弃了的城濠成为了城市变化的历史记录。能否化腐朽为神奇，考验着古代扬州人的智慧。饱受战争之苦的扬州人民把对战争的厌恶憎恨和对和平美好生活的向往追求的情感投向了这些水体和岸线；用千年的热情，持续地努力，把它改造成充满生活情趣和自然之美的景观带和风景区。化干戈为玉帛，瘦西湖成为战争与和平的矛盾统一体，瘦西湖风景区的前世今生，向全世界诠释了一部战争与和平的动人故事。

海上丝绸之路遗产 扬州是陆上丝绸之路与海上丝绸之路的连接点，它与

12

海外的交通可以追溯到西汉时期。唐代扬州成为名闻遐迩的国际商业都会，又是中国的四大港之一。它不仅与东北亚的暹罗、日本有着频繁的联系，而且与东南亚、南亚、西亚、东非有着贸易的往来。大量西亚陶瓷的出土，印证了史籍上关于扬州有着大食、波斯人居留的记载；城市遗址发现的贸易陶瓷其品类与上述地区9、10世纪繁荣的港市出土的中国陶瓷有着惊人的一致性；印尼爪哇岛"黑色号"沉船打捞出6万多件瓷器和带有"扬州扬子江心镜"铭文的铜镜；扬州港作为中国最早、最重要的贸易陶瓷外销港口，"陶瓷之路"起点的地位和作用越来越清晰；成功派遣到大陆的13次日本遣唐使节，其中有9次是经停扬州的；鉴真东渡，崔致远仕唐，商胡贸易这些文化交流事件影响至今。南宋以来特别到元代，扬州是中外交流另一个重要的历史时期。穆罕默德裔孙普哈丁在扬州建造仙鹤寺传播伊斯兰教，最后埋骨运河边；一批阿拉伯文墓碑和意大利文墓碑出土；基督徒也里可温墓碑的发现；加之，著名旅行家马可·波罗、鄂多立克，伊本·白图泰等人在扬州的行迹证明侨寄扬州的外国人不但数量多，且来源广泛。道教、佛教、伊斯兰教、基督教并存的状况反映了扬州国际化的提升和文化交流的成果。

"海上丝绸之路"属于文化线路遗产。从公元前2世纪开始到公元17世纪，扬州作为中国对外经济文化交流的重要窗口，一直发挥着作用，但它的突出历史地位是在唐代，重点在公元8、9世纪的中晚唐时期。由于历代战争的严重破坏，城市的变迁，长江岸线的位移变化，扬州与海上丝绸之路相关的文化遗产已经很少，除了扬州城遗址（隋—宋）以外，直接相关的遗产点有大明寺、仙鹤寺、普哈丁墓园等。幸好还有扬州城遗址不断出土的考古资料做支撑，大量史籍记载作证明。

扬州海上丝绸之路文化遗产价值主要体现在这几个方面：

一、对佛教文化的东传的贡献。扬州自东晋、南朝以来，就是与朝鲜半

13

岛进行政治文化交流的主要城市之一，也是佛教东传的重要节点。特别是作为新罗使节、日本遣唐使、留学生、留学僧登陆、经停的主要城市，扬州不仅具有特殊的经济地位，同时也是佛教传播的重点区域，它在佛教东传过程中的桥梁作用是独一无二的。鉴真东渡作为佛教东传过程中的重大历史事件，其在文化交流史上的意义超出了宗教本身。

二、在伊斯兰教传播过程中的作用。早在伊斯兰教创立之前，扬州就有大食、波斯人的踪迹和祆教的活动。伊斯兰教创立不久，从海上丝绸之路到达扬州的大食、波斯及东南亚地区的人越来越多，扬州成为他们在中国经商贸易的基地和传播宗教的场所。这种传播活动在唐以后，又形成了新的高潮。伊斯兰教的传入，丰富了中华文化的内涵，体现了中华文明多元并蓄，包容一体的特点。

三、见证了海上丝绸之路带来的繁荣。唐代扬州不仅是国内最大的商业、手工业中心，也是中外商品十分齐全，闻名世界的国际市场，当时它在世界上的知名度和影响力如同今天的纽约、巴黎、伦敦、上海一般。大食、波斯、东南亚地区的商人带来珠宝、香料、药材，运回中国的陶瓷、茶叶、丝绸和纺织品、金属器皿。扬州不仅是本国商人最理想的经商目的地，也吸引着大批国外的商贾聚居于此。就连各地行政机构也在扬州设立办事机构，从事贸易活动。通过海上贸易往来和交流，扬州增进了与世界上不同国家和地区的相互了解，推动了文明的进步，对世界也产生了深远的影响。

四、见证了陶瓷之路的兴盛。古代中国通过海上贸易最大宗的商品不是丝绸而是陶瓷，海上丝绸之路实际上也是海上陶瓷之路。扬州是唐代四大港口中地理位置和经济地位最为重要的港口，也是陶瓷贸易的主要港口。当时南北各地生产外销瓷的主要窑口，如浙江的越窑，江苏的宜兴窑，河北的邢窑、定窑，河南的巩县窑，江西饶州的昌南窑，湖南长沙的铜官窑，广东汕头窑等都把产品运到扬州，再远销东南亚、南亚、西亚，甚至东非。迄今为止，国内还没有哪一个城市遗址出土过数量如此巨大、品种如此丰富的陶瓷实物和标本。扬州的考古成果不仅见证了陶瓷之路的繁荣，也见证了扬州为中国陶瓷走向世界所做的历史贡献。

五、见证了中外文化交流的成果。作为当时中国经济中心的唐代扬州，在中外交流方面既能绽放美丽的花朵，更能结出丰硕的果实；既有量的积累，也有质的提升。中国的建筑艺术、造园艺术、中医中药，包括陶瓷、茶叶以及漆器等各类生活用品通过扬州传播出口到朝鲜半岛、日本、东南亚、南亚、西亚等地。对各个国家各个地区的审美观、价值观，包括生活方式都产生了长远的影响。与此同时，通过扬州这个交流窗口和平台，唐人引进了制糖工艺；改进和提升了金银器加工工艺技术；学会了毡帽等皮革制品的制作。"划戴扬州帽，重薰异国香"成为唐代社会上青年人追求的时尚，扬州毡帽成了炙手可热的畅销品。

长沙铜官窑的窑场主把在扬州市场上获取的经济信息迅速反馈给生产基地。他们通过外国商人了解西亚地区的风土人情、生活习惯、审美要求，甚至在外国商人的直接指导下，对外销产品进行包装、改进，确保实销对路。年青的长沙窑力压资深的越窑，一跃而成为中国唐代外销瓷的主角。同样，河南巩县窑，在三彩器物的设计、制作上也成功吸引了西亚文化元素。更值得一提的是，由于迎合西亚游牧民族的色彩喜好和风俗习惯，巩县窑还创烧出青花这一外销瓷器新品种，并从扬州出口进行试销。

扬州是一个通史式城市，传统的海上丝绸之路上的重要港口、古代的世界名城。今天我们用世界遗产的视角和标准对其保留的文化遗产进行审视和评估，我们既看到遗产历史跨度大，内涵丰富，具备潜质的综合优势之余，也看到遗产在真实性、完整性方面存在的不足和问题。尽管遗产数量较大、

15

类别众多，但特色不够鲜明，质量不够优秀。扬州如同是一个参加竞技体育比赛的全能运动员，当他在参与每个单项赛事的时候，却没有绝对优势可言。这就需要我们用世界遗产的标准，而不是自订的标准；用文化的眼光，而不是行政的眼光；用敬畏审慎的态度，而不是随心所欲，急功近利的态度；用科学的手段，而不是普通的手段；对扬州现有的主要文化遗产进行深入研究，科学规划，整体保护，不断修复，全面提升，有序利用，合理利用。保护文化遗产是一项系统工程，需要有爱心，有信心，有决心，有耐心，有恒心，坚持不懈地做下去。

回顾新中国成立以来，扬州文化遗产保护的不平常的经历，从军管会一号通令开始，历经十几届政府的接力，依靠三代人的努力……在实践过程中，我们有经验、有心得、有贡献，但也有迷惘、痛苦、教训和失败。

扬州的文化遗产保护之路是中国文化遗产保护艰巨历程的缩影，新任扬州市委书记谢正义在总结扬州文化保护经验的时候说到，扬州文化遗产保护之所以取得这样显著的成绩，原因是多方面的。但从政府层面上总结，是因为我们舍弃了一些短期利益；克制了一些开发的欲望；控制了一些发展的冲动。值得中国城市的管理者尤其是历史文化名城的管理者思考和借鉴。

中国是世界文化遗产大国，多元文化内涵，连续发展的历史，创造和形成了富有民族个性特点的灿烂文化和与之相对应的文化遗产。但我们国家的文化遗产保护起步较晚，力量单薄。在砸烂旧世界、创造新世界的口号声中，我们原本饱经战乱，损毁严重的文化遗产更是雪上加霜。此后，又经历"文化大革命"急风暴雨的洗礼。改革开放以后，倡导一切以经济建设为中心，文化遗产保护事业更面临着空前的压力和全新的考验。三十年改革开放取得了伟大的成就，但如今需要对我们的发展方式进行反思和调整。唤起文化自觉，以高度的文化自觉来保护民族的文化遗产是时代的新要求、新任务，也是社会主义政治文明和精神文明建设的重要内容。当前，从世界范围看，对文化遗产的态度是衡量一个国家，一个民族，一座城市，一个社会人文明与否的重要标尺。一个不能敬畏自己的历史，不尊重自己文化的民族是可耻的，也是可悲的。乐观地估计，通过经济发展方式的转变，管理考核机制的调整，政府管理者文化遗产保护意识的增强和文化自觉的提升，全社会文明素质的提高，再有十五年至二十年，我们硕果仅存的文化遗产才能度过危险期。

在我们继往开来向更高水平的小康社会迈进的历史发展关键时刻，我们这座具有近3000年历史的城市即将迎来2500年城庆的喜庆日子。对一座城市来说，我们需要继承物质遗产，但更需要积累精神财富，因为精神遗产对城市的作用更久远，更长效。我们申遗办的同仁在日常承担三项繁重申遗任务之余，对近几年的研究成果进行了梳理和筛选，编写出这套文化遗产丛书。它不仅记录了扬州申报世界遗产的足迹，反映了申遗工作的研究成果，同时也寄托了大家对这座伟大城市的深情和敬意。这套丛书也是我们向扬州2500年城庆献上的一份小小的礼物。

回忆过去，展望未来，我们愿同城市的管理者、建设者和全体人民一道，为把这些属于扬州、属于中国、属于全世界的系列文化遗产保护好、利用好作出我们应有的贡献！让历史告诉今天，让历史告诉未来，让历史成就未来！

2013 年 2 月 28 日

目　录

绪　论

绪　论

　　两百多年前的扬州北郊，曾经有过一片蔚为壮观、花团锦簇的盐商园林建筑群铺陈于蜀冈瘦西湖一带。在世界城市史上，那是一种世间罕见的风景气象，它们诉说着盛世风流、文人风雅、俗世风情，同时也见证着岁月流迁、世事无常和人间沧桑。

　　今天，即使它们已经残缺不全，有的已片瓦无存，但这无法抵挡我们对中国古典园林黄金时代的深深缅怀，无法抗拒对那些古老景观的研究、想象和探索的冲动。

　　关于扬州北郊的蜀冈瘦西湖文化景观，今天我们确实无法仅凭想象探求它的原貌：虹桥修禊和筱园诗会的文学活动场所是何等的场景？西园曲水和石壁流淙纤细而流畅的肌理何在？白塔和莲性寺中又是否见到南巡遗迹分明的证据？今天，呈现在我们眼帘的景观和萦绕在我们心底的疑问交织在一起，让我们再次去审视那片曾经野趣和雅趣并存，繁华和寥落更迭的北郊园林。

　　对于扬州的北郊园林，清代以来的文献对其进行了描述和绘画，有文献典籍、史学著述、诗词歌赋等各种样式，研究内容多从文学、历史、园林、诗词、民俗角度切入，对瘦西湖的遗产状况、演变历史、单体建筑、文人集会、著名人物、历史事件有较为全面的梳理。

但是，对照不同的文献，其表述和呈现都是有所差异的。原因是，中国古人的思维方式是感性和写意的，任何文字和绘图都不是具象的、写实的，而是虚实结合，留下相当大的想象余地和模糊空间，供我们后人揣摩。其实，这正是中国山水园林的审美之精妙所在。园林景观和建筑，除了营造本身具有科学性和技术标准，景观的精神气质和艺术美感，和中国的文人绘画一样，是灵动的，梦幻般的，乃至玄妙的。审美是不可量化的，也是不必具象的，更是难以科学化的。

然而，用历史的眼光去解读扬州北郊的蜀冈瘦西湖文化景观，将是一个全方位触摸历史脉络的过程。本书以清代扬州蜀冈瘦西湖遗产鼎盛时期的二十四景为载体和依托，运用《平山堂图志》《扬州画舫录》《南巡盛典》《扬州览胜录》《芜城怀旧录》《扬州旧影》《扬州名图》等文字记载和写意图画，详尽地展示和复原瘦西湖景观中建筑、园林和植物的布局、构成、功能设计、文化立意，对扬州北郊园林景观范围内的建筑格局、造园技巧、山石排列、水系营造、植物配置做既宏观又微观的整理，并根据这些描述，通过现代 CAD 技术手法和现代电脑效果予以复原展示，由此厘清这一景观历史的变迁，揭示不同景观的特征、内涵和价值，为制订瘦西湖景观修复、保护、管理、监测措施提供依据，带动瘦西湖遗产管理和研究的长远能力建设。

对于致力于扬州园林文化研究的历代学者来说，我们的这次尝试，虽不一定全面和精准，但是探索还原几经繁华和寥落的扬州园林历史，使之日趋接近历史的原貌，其意义独特。

第1章 邗上农桑

■景观概要

邗上农桑一景,在迎恩河(漕河)西,沿漕河南岸迤逦而西,是乾隆年间奉宸苑卿衔王勔营建。据《扬州画舫录》记载,它仿照清康熙《耕织图》而建,有仓房、馌饷桥、报丰祠、奢房等建筑。

■文献辑录

《平山堂图志》·卷二

邗上农桑、杏花村舍二景在迎恩河西岸,并奉宸苑卿王勔构,敬仿圣祖仁皇帝《耕织图》式,用纪我皇上教养之恩与圣代嬉恬之景象焉。由迎恩桥北折而西,临堤为亭,亭右置水车数部,草亭覆之。依西一带,因堤为土山,种桃花,山后茅屋疏篱,人烟鸡犬,村居幽致,宛然在目,其西为仓房。又西,仿西制为风车,转运不假人力。又西,为馌饷桥,桥西当河曲处堤。折而南,面东为歌台,台后为报丰祠,以祀田祖。祠右数十步,面西为草亭。亭左又折而西,面东为浴蚕房。又西,为竹亭。又西,为方亭。亭右由小廊西折,为分箔房,房左为绿桑亭。自报丰祠右至此,皆沿堤种竹,朱栏护之,亭右即"杏花村舍"也。又西,为大起楼,绕屋桑阴,扶疏可爱。楼右由长廊以西,为染色房,房前为练池。池左由小廊迤西,为练丝房。由曲廊绕池数折,度小桥,又西,为嫘祖祠,祠南向。祠右由曲廊南折,东向为经丝房,其南为听机楼，楼前水阁为东织房，楼右为纺丝房。右过板桥，出竹间，为西织房，房右为成衣房，房后为献功楼，楼南与长春桥接。

按：以上各景，并在迎恩河两岸。

《南巡盛典》·卷九十七

在迎恩桥西岸，敬仿圣祖仁皇帝耕织图，于河北艺嘉穀树条桑，井陌蚕房，恍如图绘。皇上教养之恩，圣代恬熙之象，举此可见，以视豳风七月，殆有加焉。

《扬州画舫录》·卷一

"邗上农桑"、"杏花村舍"二景，在迎恩河西。仿圣祖《耕织图》做法，封隈为岸，建仓房、馌饷桥、报丰祠。祠前击鼓吹豳台，左有蚕房，右有浴蚕房、分箔房、绿叶亭。亭外桑阴郁郁，时闻斧声。树间建大起楼，楼下长廊至染色房、练丝房。房外为练池，池外有春及堂。堂右有嫘祖祠、经丝房、听机楼。楼后有东织房、纺丝房。房外板桥二三折，至西织房、成衣房，接献功楼。自此以南，一片丹碧，塞破烟雾，尽在长春桥外矣。

西岸矮屋比栉，屋前地平如掌，辘轴参横，草居雾宿，豚栅鸡栖，绕屋左右。闲田数顷，农具齐发，水车四起，地防不行，秧针刺出。鸡头菱角，熟于池沼。葭菼苍然，远浦明灭。打谷之歌，盈于四野。山妻稚子，是任是负。其瓴甋宗庙，屹如山立者，仓房也。集唐人句为对联云："厫庾千箱在（薛存诚），芳华二月初（赵冬曦）。"集句始于卢雅雨转运见曾，征金棕亭博士兆燕集唐人句为园亭对联，亦间用晋宋人句。

报丰祠，以祀先世之始耕者。殿前后三楹，庑殿各二。联云："息飨报嘉瑞（颜延年），膏泽多丰年（曹植）。"祠外建戏台，颜曰"击鼓吹豳"，土人报功演剧在于是。联云："川原通霁色（皇甫冉），箫鼓赛田神（王维）。"

砻房，春、揄、簸、蹂地也。联云："岩端白云宿（何逊），屋上春鸠鸣（王维）。"邗上农桑止于此。

《扬州名胜录》·卷一

"邗上农桑"、"杏花村舍"二景在迎恩河西。仿圣祖《耕织图》做法，封隈为岸，建仓房、馌饷桥、报丰祠。祠前击鼓吹豳台，左有砻房，右有浴蚕房、分箔房、绿叶亭。亭外桑阴郁郁，时闻斧声。树间建大起楼，楼下长廊至染色房、练丝房。房外为练池，池外有春及堂。堂右有嫘祖祠、经丝房、听机楼。楼后有东织房、纺丝房。房外板桥二三折，至西织房、成衣房，接献功楼。自此以南，一片丹碧，塞破烟雾，尽在长春桥外矣。

《江南园林胜景》（清代）收录自《扬州园林甲天下》扬州博物馆馆藏画本集萃

录文：邗上农桑 奉宸苑卿衔王勘，营耕织之所于河北。香稻秋成，懿筐春早。《豳风·七月》八章，仿佛在目。今勘弟候选知府协岁加修葺。

注：邗上农桑旧址在今友谊新村南面，漕河北岸东西一线。

《扬州览胜录》·卷一

"邗上农桑"故址在迎恩河西岸。清乾隆间为奉宸苑卿王勘构，仿清圣祖耕织图式。其景由迎恩桥北折而西，有水车、仓房、风车、馌饷桥、报丰祠、浴蚕房、分箔房、绿桑亭诸胜。亭右即杏花村舍。后阮文达晚年买"邗上农桑"为别墅，即是此地。见梁章钜《浪迹丛谈》。今毁。

■古图集萃

《平山堂图志》·邗上农桑

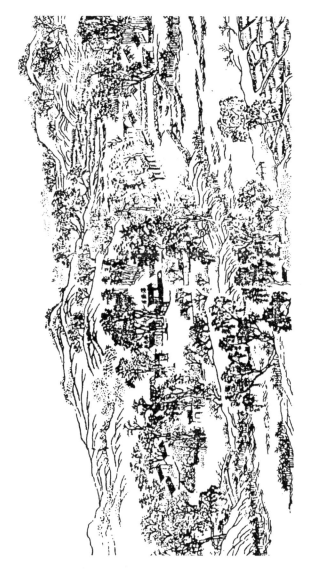

桑农上邠

《扬州画舫录》·邗上农桑

第 1 章　邸上农桑

邢上农桑
瑞坤画于可园

邢上农桑 手绘图

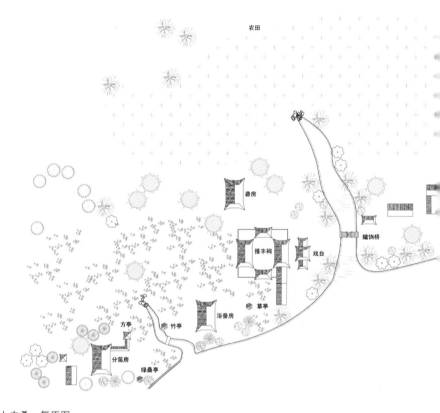

邗上农桑　复原图

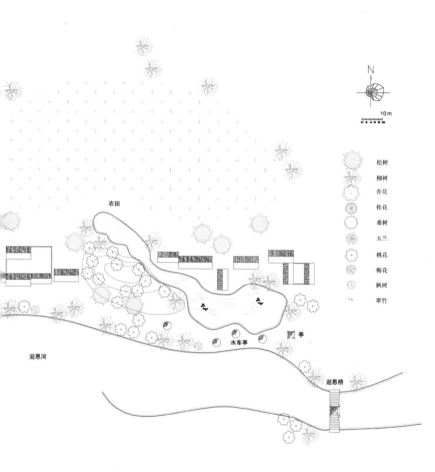

N

10 m

松树
柳树
杏花
桂花
桑树
玉兰
桃花
梅花
枫树
翠竹

农田

迎恩河

水车亭

亭

迎恩桥

第 2 章　杏花村舍

■景观概要

　　杏花村舍一景，在迎恩河（漕河）西，沿迎恩河南岸迤逦而西，是乾隆年间奉宸苑卿衔王勋营建。据《扬州画舫录》记载，它仿照清康熙《耕织图》而建，有浴蚕房、分箔房、绿叶亭、染色房、练丝房、练池、春及堂、嫘祖祠、经丝房、听机楼等建筑。

■文献辑录

《平山堂图志》·卷二

　　邗上农桑、杏花村舍在迎恩河西岸，并奉宸苑卿王勋构，敬仿圣祖仁皇帝《耕织图》式，用纪我皇上教养之恩与圣代嬉恬之景象焉。由迎恩桥北折而西，临堤为亭，亭右置水车数部，草亭覆之。依西一带，因堤为土山，种桃花，山后茅屋疏篱，人烟鸡犬，村居幽致，宛然在目，其西为仓房。又西，仿西制为风车，转运不假人力。又西，为饎饷桥，桥西当河曲处堤。折而南，面东为歌台，台后为报丰祠，以祀田祖。祠右数十步，面西为草亭。亭左又折而西，面东为浴蚕房。又西，为竹亭。又西，为方亭。亭右由小廊西折，为分箔房，房左为绿桑亭。自报丰祠右至此，皆沿堤种竹，朱栏护之，亭右即"杏花村舍"也。又西，为大起楼，绕屋桑阴，扶疏可爱。楼右由长廊以西，为染色房，房前为练池。池左由小廊迤西，为练丝房。由曲廊绕池数折，度小桥，又西，为嫘祖祠，祠南向。祠右由曲廊南折，东向为经丝房，其南为听机楼，楼前水阁为东织房，楼右为纺丝房。右过板桥，出竹间，为西织房，房右为成衣房，房后为献功楼，楼南与长春桥接。

按：以上各景，并在迎恩河两岸。

《扬州画舫录》·卷一

"杏花村舍"自浴蚕房始，河至此愈曲愈幽，鸥鹭往来，清风泛于樽俎，高柳映人家，奇松衬楼阁。由砻房屋角至浴蚕房。联云："金屋瑶筐开宝胜（崔日用），小桥流水接平沙（刘兼）"。过此有小水口，上覆板桥，过桥至绿桑亭，堤随河转，屋亦西斜，为分箔房。联云："树影悠悠花悄悄（曹唐），罗衫曳曳绣重重（王建）。"大起楼接于分箔房尾，竹木护村，邱园自适，巅风作力，披阆而入。联云："碧树红花相掩映（慈恩寺仙），天香瑞彩合絪缊（温庭筠）。"

蜀冈诸山之水，细流萦折，潜出曲港，宣泄归河。大起楼南，以池分之，千丝万缕，五色陆离，皆从此出，谓之练池。池之东西，以廊绕之，东绕于染色房止。联云："染就江南春水色（白居易），结成罗帐连心花（青童）"。西绕于练丝房止。联云："旧丝沉水如云影（李质），笼竹和烟滴露梢（杜甫）。"江南染房，盛于苏州。扬州染色，以小东门街戴家为最，如红有淮安红，本苏州赤草所染，淮安湖嘴布肆专鬻此种，故得名。桃红、银红、靠红、粉红、肉红，即韶州退红之属。紫有大紫、玫瑰紫、茄花紫，即古之油紫、北紫之属。白有漂白、月白。黄有嫩黄，如桑初生，杏黄、江黄即丹黄，亦曰缇，为古兵服，蛾黄如蚕欲老。青有红青，为青赤色，一曰鸦青、金青，古皂隶色；元青，元在緅缁之间，合青则为黟艳，虾青青白色，沔阳青以地名，如淮安红之类。佛头青即深青，太师青即宋染色小缸青，以其店之缸名也。绿有官绿、油绿、葡萄绿、蘋婆绿、葱根绿、鹦哥绿。蓝有潮蓝，以潮州得名。睢蓝以睢宁染得名，翠蓝昔人谓翠非色，或云即雀头三蓝。《通志》云：蓝有三种，蓼蓝染绿，大蓝浅碧，槐蓝染青，谓之三蓝。黄黑色则曰茶褐，古父老褐衣，今误作茶叶。深黄赤色曰驼茸，深青紫色曰古铜，紫黑色曰火薰，白绿色曰余白，浅红白色曰出炉银，浅黄白色曰密合，深紫绿色曰藕合，红多黑少曰红综，黑多红少曰黑综，二者皆紫类。紫绿色曰枯灰，浅者曰朱墨，外此如茄花、兰花、栗色、绒色，其类不一。玄滋素液，赤草红花，合成师昧，经纬艳异，凡此美名，皆吾乡物产也。练池以西，河形又曲，岸上建春及堂，四面种老杏数十株，铁干拳而拥肿飞动。联云："夕阳杨柳岸（李乂），微雨杏花村（李浑）。"

嫘祖祠，祀马头娘也。联云："明堂灵响期昭应（王昌龄），桑叶扶疏问日华（曹唐）。"昔传嫘为黄帝正妃，又作雷，为雷祖次妃，皆不可考。

祠右沼堤种竹，竹后长廊数丈，廊竟，横置小舍三间，为经丝房，经机所持丝也。联云："顿縠疏罗共萧屑（温庭筠），霏红沓翠晚氛氲（孟浩然）。"屋右接听机楼。联云："绣户夜攒红烛市（韦庄），缫丝声隔竹篱间（项斯）。"

楼台疏处栽桑树数百株，浓绿荫坂，下多野水，分流注沼。沼旁为纺丝房，与经丝房对，居其右。织房十余间，以东西分。东织房联云："露气暗联青桂色（李商隐），天孙为织锦云裳（苏轼）。"西织房联云："花须柳眼如无赖（李商隐），蕊乱云浓相间深（温庭筠）。"

成衣房十余间，纺砖刀尺，声声相闻。联云："越罗蜀锦金

014

粟尺（杜甫），宝殿香娥翡翠裙（戎昱）。"

献功楼五楹。联云："青筐叶盖蚕应老（温庭筠），剪彩花时燕始飞（刘宪）。"

杏花村舍止于此，平时园墙版屋，尽皆撤去。居人固不事织，惟蒲渔菱芡是利，间亦放鸭为生。近年村树渐老，长堤草秀，楼影入湖，斜阳更远，楼台疏处，野趣甚饶也。是地为"临水红霞"之对岸，稍南则长春桥矣。

《扬州名胜录》·卷一

"邗上农桑"、"杏花村舍"二景在迎恩河西。仿圣祖《耕织图》做法，封隈为岸，建仓房、馌饷桥、报丰祠。祠前击鼓吹圌台，左有砻房，右有浴蚕房、分箔房、绿叶亭。亭外桑阴郁郁，时闻斧声。树间建大起楼，楼下长廊至染色房、练丝房。房外为练池，池外有春及堂。堂右有嫘祖祠、经丝房、听机楼。楼后有东织房、纺丝房。房外板桥二三折，至西织房、成衣房，接献功楼。自此以南，一片丹碧，塞破烟雾，尽在长春桥外矣。

《江南园林胜景》（清代）收录自《扬州园林甲天下》扬州博物馆馆藏画本集萃

录文：杏花村舍 王勋构竹篱茅舍于杏花深处。弟协再修。

注：杏花村舍旧址在长春桥东北，现市气象局宿舍北侧一带。

《扬州览胜录》·卷一

"杏花村舍"故址在迎恩河西岸，与"邗上农桑"同为奉宸苑卿王勋构。旧有大起楼、染色房、练池、练丝房、嫘祖祠、经丝房、听机楼、水阁、东织房、纺丝房、西织房、成衣房、献功楼诸胜。楼南与长春桥接。此景亦久毁。

■古图集萃

《平山堂图志》·杏花村舍

《扬州画舫录》·杏花村舍

《江南园林胜景》·杏花村舍

杏花村舍

瑞坤画于可园

杏花村舍　手绘图

浴蚕房

竹亭

绿桑亭

迎恩河

方亭

分茧房

大起楼

练池

染色房

练丝房

煤祖祠

春及堂

10 m

N

0 2 4 6 8

杏花村舍　复原图

松树　柳树　杏花　桂花　桑树　玉兰　桃花　梅花　枫树　翠竹

长春桥

东织房

听机楼

西织房　成衣房

纺丝房

献功楼

第3章　平冈艳雪

■景观概要

平冈艳雪，扬州北郊二十四景之一，始建于清乾隆年间，河南候选州同周梆别业。历史建筑由清韵轩、艳雪亭、水榭、渔舟小屋、方亭、迎恩亭等构成，园中植被有梅、荷花、杨柳、梧桐等。

■文献辑录

《平山堂图志》·卷二

缘冈高下种梅，红白相间，河流至此北折，面河西向为清韵轩。又北，为艳雪亭，河复折而东，亭右小山数叠，又东，北向临水为水榭，其右山上面东曰渔舟小屋。又东，水中小渚为方亭，亭后有桥，与后山通。又东，为迎恩亭，亭右为石桥。又东为迎恩桥，度桥，即王氏园亭也。

《扬州画舫录》·卷一

"平冈艳雪"在"邗上农桑"之对岸，"临水红霞"之后路。迎恩河至此，水局益大，夏月浦荷作花，出叶尺许，闹红一舸，盘旋数十折，总不出里桥外桥中。其上构清韵轩，前后两层，粉垣四周，修竹夹径，为园丁所居。山地种蔬，水乡捕鱼，采莲踏藕，生计不穷。余每爱此地人家，本色清言，寻常茶饭，绝俗离世，令人怃然。

自清韵轩后，梁空磴险，山径峭拔，游人有攀跻偃偻之难。有艳雪亭，联云："苔染浑成绮（皮日休），春生即有花（马戴）。"

水心亭在艳雪亭之侧，筑土为堵，一溪绕屋。联云："杨柳风来潮未落（赵嘏），梧桐叶下雁初飞（杜牧）。"

"渔舟小屋"居"平冈艳雪"之末，湖上梅花以此地为胜，盖其枝枝临水，得疏影横斜之态。集杜联云："水深鱼极乐，云在意俱迟。"再南为"临水红霞"。

《扬州名胜录》·卷一

"平冈艳雪"在"邗上农桑"对岸，"临水红霞"之后路。迎恩河至此，水局益大。夏月浦荷作花，出叶尺许，闹红一舸，盘旋数十折，总不出里桥外桥中。其上构清韵轩，前后四层，粉垣四周，修竹夹径，为园丁所居。山地种蔬，水乡捕鱼，采莲踏藕，生计不穷。余每爱此地人家，本色清淡，寻常茶饭，绝俗离世，令人怃然。水心亭在艳雪亭之侧，筑土为堵，一溪绕屋。"渔舟小屋"居"平冈艳雪"之末，湖上梅花以此地为最胜。盖其枝枝临水，得疏影横斜之态。再南为"临水红霞"。

《江南园林胜景》（清代）收录自《扬州园林甲天下》扬州博物馆馆藏画本集萃

录文：平冈艳雪 在草河南。候选州同周柟置亭其上，植红梅数百本，雪晴花发，香艳袭人。尉涵重修，增置廊槛数重，风亭、月榭与修竹垂杨鳞次栉比。近水则护以长堤，遍植菱藕，触处延赏不尽。

注：平冈艳雪，扬州北郊二十四景之一。旧址在今友谊广场西北一带，漕河南岸。

《扬州览胜录》·卷一

平冈艳雪在桃花庵后，其景亦属周柟别业，旧为北郊二十四景之一。平冈为古"平冈秋望"之遗阜。北郊土厚，任其自然增累成冈。间载盘礴石，石隙小路横出，冈硗中断，盘行萦曲，继以木栈，倚石排空，周环而上。溪河绕其下，愈绕愈曲。崖上多梅树，花时如雪。故庵后名"平冈艳雪"。今此景亦废。

■古图集萃

《扬州画舫录》·平冈艳雪

《水冈艳雪图志山》·艳雪

《江南园林胜景》·平冈艳雪

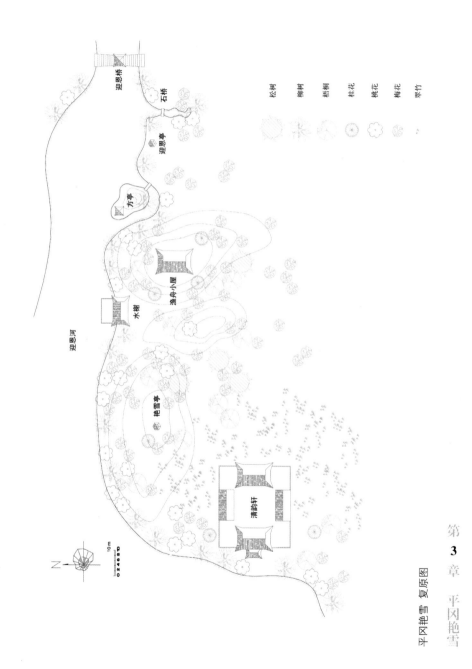

平冈艳雪 复原图

松树　柳树　梧桐　桂花　桃花　梅花　翠竹

迎恩河

迎恩桥

石桥

迎恩亭

方亭

水榭

渔舟小屋

艳雪亭

潇鹤轩

N

10 m
0 2 4 6 8 10

平冈艳雪 瑞坤作于可园

第4章 临水红霞

■景观概要

临水红霞，别名桃花庵，园主周枎，始建于清乾隆年间。历史建筑由桃花庵、枕流亭、螺亭、穆如亭、飞霞楼、红霞厅、见悟堂、莲香阁等构成，园中植被有桃树、短松、矮杨、杉、柏、梅、柳、海桐、黄杨、虎刺、月季、丛菊、芍药、牡丹、竹子、桂树、绣球、白海棠、白凤仙花、荷花等。

■文献辑录

《平山堂图志》·卷二

临水红霞、平冈艳雪二景在迎恩河东岸，并州同周枎别业。南接长春桥临河，冈阜前后数叠。冈上有亭，曰螺亭，亭南渡桥，复登山，有亭，曰穆如亭，河之曲处也。折而东为精舍，曰桃花庵，其中为佛堂，堂后北向，曰见悟堂，堂前有亭，临水，曰红霞亭，堂右为飞霞楼，楼后曲廊数折，迤东，两亭浮水，有小桥通焉。复缘堤以东为桐轩，轩右为舫屋，其下为板桥，缘山而东为枕流亭。亭右数武，穿曲廊而东为水厅，曰临流映墅。自长春桥北至此水边，山际俱种桃花。春时，红雨缤纷，烂若锦绮，是为临水红霞。其右由长春桥北转，度水阁，又北即平冈艳雪也。

缘冈高下种梅，红白相间，河流至此北折，面河西向为清韵轩，又北，为艳雪亭，河复折而东，亭右小山数叠，又东，北向临水为水榭，其右山上面东曰渔舟小屋，又东，水中小渚为方亭，亭后有桥，与后山通。又东，为迎恩亭，亭右为石桥，又东为迎恩桥，度桥，即王氏园亭也。

《扬州画舫录》·卷二

临水红霞，即桃花庵，在长春桥西，野树成林，溪毛碍桨。茅屋三四间在松楸中，其旁厝屋鳞次。植桃树数百株，半藏于丹楼翠阁，倏隐倏现。前有屿，上结茅亭，额曰"螺亭"。亭南有板桥接入穆如亭。亭北砌石为阶，坊表插天，额曰"临水红霞"。折南为桃花庵，大门三楹，门内大殿三楹，殿后飞霞楼三楹，楼左为见悟堂，堂后小楼又三楹，为僧舍，庵之檀越柴宾臣延江宁僧道存居之。楼右小廊开圆门，门外穿太湖石入厅事，复三楹，额曰"千树红霞"，庵中呼之为红霞厅。迤东曲廊数折，两亭浮水，小桥通之。再东曰桐轩，右为舫屋。又过桥入东为枕流亭。穿曲廊，得小室，曰"临流映壑"。室外无限烟水，而平冈又云起矣。平冈为古"平冈秋望"之遗阜，北郊土厚，任其自然增累成冈，间载盘礴大石。石隙小路横出，冈磴中断，盘行萦曲，继以木栈，倚石排空，周环而上。溪河绕其下，愈绕愈曲。岸上多梅树，花时如雪，故庵后名"平冈艳雪"。

桃花庵僻处长春桥内，过桥沿小溪河边折入山径，嶙峋难行。小澳夹两陵间，屿亦分而为两，左右有螺亭、穆如亭。屿竟，琢石为阶，庵门额为朱思堂转运所书。溪水到门，可以欹身汲流漱齿，中多水鸟，白毛初满，时得人稀水深之乐。

湖上园亭，皆有花园，为莳花之地。桃花庵花园在大门大殿阶下。养花人谓之花匠，莳养盆景，蓄短松、矮杨、杉、柏、梅、柳之属。海桐、黄杨、虎刺以小为最，花则月季、丛菊为最，冬于暖室烘出芍药、牡丹，以备正月园亭之用。盆以景德窑、宜兴土、高资石为上等。种树多寄生，剪丫除肄，根枝盘曲而有环抱之势。其下养苔如针，点以小石，谓之花树点景。又江南石工以高资盆增土叠小山数寸，多黄石、宣石、太湖、灵璧之属，有扎、有岫、有罅、有杠、蓄水作小瀑布，倾泻危溜。其下空虚有沼，蓄小鱼游泳响濡，谓之山水点景。

大殿供大悲佛，四围红阑。殿前右楹门构靠山廊，廊外多竹，夏可忘暑。殿后檐左楹山墙门外为茶室，通僧厨。

飞霞楼在大殿后一层，楼前老桂四株，绣球二株，秋间多白海棠、白凤仙花。联云："四野绿云笼稼穑（杜荀鹤），九春风景足林泉（薛稷）。"

红霞厅面河，后倚石壁，多牡丹。厅内开东西牖，东牖外多竹，西牖外凌霄花附枯木上，婆娑作荫。夏间池荷盛开，园丁踏藕来者，时自牖上送入。厅前多古树，有拿云攫石之势，树间一桁河路，横穿而来。河外对岸，平原如掌，直接蜀冈三峰。白塔红庙，朱楼粉郭，了在目前。

见悟堂在飞霞之左。联云："花药绕方丈（常建），清流涌坐隅（元结）。"是堂为庵僧方丈。僧道存，字石庄，上元人，剃染江宁承恩寺。莲香社因湖上建三贤祠，延石庄为住持。迨石庄为淮阴湛真寺方丈，以三贤祠付其徒竹堂。迨石庄卸湛真寺徙是庵，遂迎三贤神主于庵之桐轩。其时竹堂亦下世。自是三贤祠复为筱园，石庄则独居是庵矣。石庄工画，善吹洞箫，其徒西崖、竹堂、古涛，皆工画，自是庵以画传。竹堂兼工刻竹根图书，与潘老桐齐名。

孙甘亭，画如其师，诗人朱与之善。甘亭之徒善田，字小石，善弹琴，工画侧柏树。竹堂以上，皆上元人，甘亭以下，皆扬州人，因莲香社为石庄祖堂，故令其裔开爽居之。

见悟堂后楼，额曰"莲香阁"，石庄自署名也。阁为石庄所居，所蓄玩好有三，一大笔筒倒署摺叠扇数百柄，皆故人赠答，积自六七十年；一紫竹箫，长二尺一寸，九节五孔，周栎园亮工题曰"虞帝制音，王褒作赋，仲谦取材，乃为独步"；一瘿瓢细毛如拳发，滑泽如秋水，色如紫糖，圆如明月，不在蒋若柳《椰经》诸品之下。

是地多鬼狐，庵中道人尝见对岸牌楼彳亍而行，又见女子半身在水，忽有吠犬出竹中，遂失所在。又一夕有二犬嬉于岸，一物如犬而黑色，口中似火焰，长尺许，立噙二犬去。又张筠谷尝乘月立桥上，闻异香，有女子七八辈，皆美姿，互作谐语，喧笑过桥，渐行渐远，影如淡墨。黄秋平《庵中夜坐》诗云："黄狐拜月四更时，萤火光青乌绕枝。世上可怜白日短，输他鬼唱鲍家诗。"

《扬州名胜录》·卷一

"临水红霞"即桃花庵，在长春桥西，野树成林，溪毛碍桨。茅屋三四间，在松楸中，其旁厝屋鳞次，植桃树数百株，半藏于丹楼翠阁，倏隐倏现。前有屿，上结茅亭，额曰"螺亭"。亭南有板桥，接入穆如亭。亭北砌石为阶，坊表插天，额曰"临水红霞"。折南为桃花庵，大门三楹，门内穿太湖石入厅事，复三楹，额曰"千树红霞"，庵中称之为"红霞厅"。迤东曲廊数折，两亭浮水，小桥通之。再东曰桐轩，右为舫屋。又过桥入东为枕流亭，穿曲廊，得小室，曰"临流映壑"。室外无限烟水，而平冈又云起矣。平冈为古"平冈秋望"之遗阜，北郊土厚，任其自然增累成冈。

间载盘礴大石，石隙小路横出，冈硗中断；盘行萦曲，继以木栈，倚石排空，周环而上。溪河绕其下，愈绕愈曲。岸上多梅树，花时如雪，故庵后名"平冈艳雪"。

《江南园林胜景》（清代）收录自《扬州园林甲天下》扬州博物馆馆藏画本集萃

录文：临水红霞　在"平冈艳雪"之左。周枬于此遍植桃花，与高柳相间。每春深花发，烂若锦绮，故名。建"桃花庵"，延古德焚修其内。后尉涵增植桃柳，广庵址，参学有室，饭僧有堂。清磬疏钟，声出林表，居然古刹矣。

注：临水红霞，扬州北郊二十四景之一。旧址在今长春桥东北一带。

《扬州览胜录》·卷一

"临水红霞"即桃花庵，在迎恩河东岸，南接长春桥。清乾隆间为州同周枬别业，旧为北郊二十四景之一。野树成林，溪毛碍桨，茅屋三四间在松楸中。其旁厝屋鳞次，植桃树数百株，半藏于丹楼翠阁，倏隐倏现。前有屿，上结茅亭，曰"螺亭"，亭南有板桥，接入穆如亭。亭北砌石为阶，坊表插天，额曰"临水红霞"。此景久废，尚待兴复。

■古图集萃

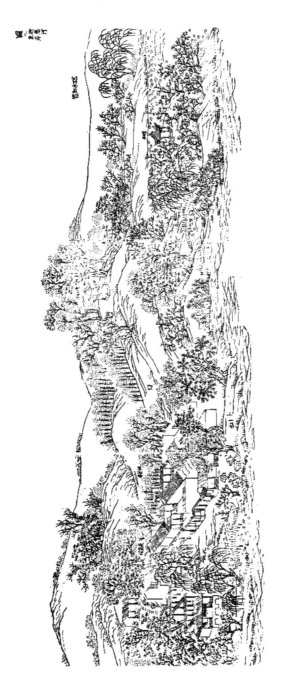

《木山居图志·临水红霞》

035

《扬州画舫录》·临水红霞

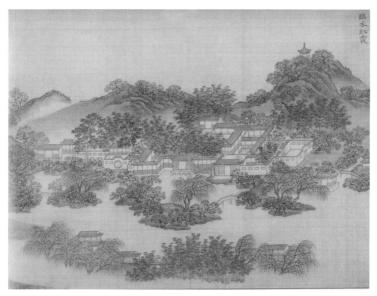

《江南园林胜景》·临水红霞

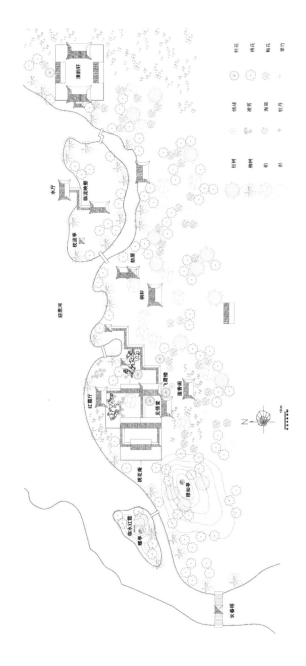

临水红霞 复原图

037

临水红霞

瑞坤画于可园

临水红霞 手绘图

第 5 章　城闉清梵

■景观概要

城闉清梵，又称绿杨城郭，西与卷石洞天相接，是清乾隆年间扬州城北门镇淮门外以寺观和园林为主题的景观。先后为按察使署衡永郴道毕本恕、盐课提举闵世俨、盐商罗于饶所有。历史建筑由香悟亭、风篁精舍、水榭、斗姥宫、闵园、毕园、冷香亭、涵光亭、双清阁、听涛亭、栖鹤亭、绿杨城郭、南漪房构成，园中植被有木樨、芍药、杨柳、竹、荷、菊花、榆树、槐树、松树等。

■文献辑录

《平山堂图志》·卷二

城闉清梵　按察使署衡永郴道毕本恕、盐课提举闵世俨，与慧因寺、斗姥宫俱叠经修建。寺右临河为御碑亭，亭右为香悟亭，盖取释氏"闻木樨香来"之义。再右为涵光亭，亭右为双清阁，阁右为荷池。池右古松参天，与榆、槐相间，松下有亭，曰"听涛"，斗姥宫在其后。又西为曲廊水榭，低贴水际。其北为邃室，室西长廊数折为厅，颜曰"绿杨城郭"。厅左为栖鹤亭，老松数株，鹤巢其上，故名。厅前稍右，西出芍园。

《扬州画舫录》·卷六

"城闉清梵"在北门北岸，北岸自慧因寺至虹桥凡三段："城闉清梵"一，"卷石洞天"二，"西园曲水"三也。自慧因寺至斗姥宫及毕、闵两园，皆在"城闉清梵"之内。由寺之大士堂小门至香悟亭，四面种木樨，前开八方门，右临河为涵光亭、双清阁、听涛亭。曲廊水榭，低徊映带。一层建文武帝君殿，右为斗姥宫。山门外设水马头，中甃玉板石。正殿供老君，殿上为斗姥楼。殿右小屋六楹，旁设小门，由长廊入邃室，额曰"南漪"。后一层建厅事，额曰"绿杨城郭"，其中有山有池，山上有亭翼然，额曰"栖鹤亭"。之西南小室，中有门通芍园。

香悟亭联云："潭影竹间动（綦毋潜）。天香云外飘（宋之问）"。《图志》谓取释氏木樨香来之意。

涵光亭面城抱寺，亭右筑小垣，断岸不通往来，寺外游人至此，废然返矣。亭中水气如雨，人烟结云，仅此一亭，湖水之气已足，联云："临眺自兹始（高适），烟霞此地多（朱放）。"亭右通双清阁，此园罗氏，罗于饶为淮南长者，子向荣、学含精于盐笑，其族彦修工诗。天随子曰："野庙有媪而尊严者曰姥，斗姥宫之类是也。"中殿供三清三皇。按《云麓漫抄》云："宋时更定醮仪，设上九位，失于详究。以昊天上帝列于周柱史之下，为景祐之制。是以奉三清于殿，以为祖；醮则祭昊天上帝于坛，以为宗。是殿三清三皇合而奉之是也。"老君像形体尺寸、耳门、耳附及耳全像，眉毛尺寸、毛色，目瞳、额项、容颜，腹身尺寸、毛色，顶上紫气，悉如《酉阳杂俎》所云。而后知湖上寺观足为千古胜境，其上斗姥楼、天人玉女台殿，麟凤外引，执幢拥节之神，旁侍散位，奇伟异状，如宁州罗川县金华洞二十七位仙王像，而下及鬼官。楼外九子铃，风时与湖上白塔相应答。推窗睹之，一片烟云，此身已在竹梢木末之上，直如常融玉龙，梵渡覆奕在三界外也。

殿左三元帝君殿，上元执簿，神气飞动。殿后即斗姥宫大门。殿右住屋三楹，为待宾客之地。屋后复三楹，以居道士。北郊诸园皆临水，各有水门，而园后另开大门以通往来，是为旱门，即斗姥宫大门之类。

斗姥宫小门由廊入河边船房，额曰"南漪"，联云："紫阁丹楼纷照耀（王勃），桃蹊柳陌好经过（张籍）。"后檐置横窗在剥皮松间。树下因土成阜，上构栖鹤亭。

栖鹤亭西构厅事三楹，池沼树石，点缀生动，额曰"绿杨城郭"。联云："城边柳色向桥晚（温庭筠），楼上花枝拂座红（赵嘏）。"此为闵园，今归罗氏。

勺园，种花人汪氏宅也。汪氏行四，字希文，吴人，工歌。乾隆丙辰来扬州，卖茶枝上村，与李复堂、郑板桥、咏堂僧友善。后构是地种花，复堂为题"勺园"额，刻石嵌水门上。中有板桥所书联云："移花得蝶，买石饶云。"是园水廊十余间，湖光潋滟，映带几席。廊内芍药十数畦，廊西一间，悬"溪云"旧额，为朱晦翁书。廊后构屋三间，中间不置窗棂，随地皆使风月透明。外以三脚几安长板，上置盆景，高下浅深，层折无算。下多大瓮，分波养鱼，分雨养花。后楼二十余间，由层级而上，是为旱门。

《扬州名胜录》·卷二

"城闉清梵"在北门北岸。北岸自慧因寺至虹桥凡三段："城闉清梵"一，"卷石洞天"二，"西园曲水"三也。自慧因寺至斗姥宫及毕、闵两园，皆在"城闉清梵"之内。由寺之大士堂小门至香悟亭，四面种木樨，前开八方门。右临河为涵光亭、双清阁、听涛亭，曲廊水榭，低徊映带。后一层建文武帝君殿，右为斗姥宫。山门外设水码头，中甃玉板石。正殿供老君。殿上为斗姥楼，殿右小屋六楹，旁设小门，由长廊入邃室，额曰"南漪"。后一层建厅事，额曰"绿杨城郭"，其中有山、有池，山上有亭翼然，额曰"栖鹤亭"。之西南小室，中有门通芍园。

《江南园林胜景》（清代）收录自《扬州园林甲天下》扬州博物馆馆藏画本集萃

录文：城闉清梵 临河而城，旧为舍利禅院。乾隆十六年（1751），皇上南巡，赐名"慧因寺"，西为斗姥宫。圣祖仕皇帝赐"大智光"三字额，其旁为别苑。候补道毕本恕、临课提举闵世俨、知府衔汪重耿先后修建。乾隆四十八年（1783），知府衔罗琦加修葺。有"香悟"、"涵光"、"棲鹤"等亭，其西为芍园，旧为种花人所居，今亦增添亭馆。

注：城闉清梵，旧址在北门城外对河，即今问月桥西，冶春茶社、红园一带。

《扬州览胜录》·卷一

绿杨城郭故址 "绿杨城郭"在清乾隆间为北郊二十四景之一，在"城闉清梵"一段内。其景旧属闵园，故有厅事三楹，额曰"绿杨城郭"，为闵园风景最佳处。联云："城边柳色向桥晚，楼上花枝拂座红。"按：其地即为今之绿杨村。

慧因寺 慧因寺在问月桥西，建于宋宝祐间，谓之舍利庵。清乾隆间，赐名慧因寺及"慈绿胜果"额，称邗上有名梵刹。寺右建"城闉清梵"牌楼，北郊风景起始于此。咸丰洪杨之劫，殿阁灰飞，均成焦土。光绪间始就故址粗建寺宇三间，规模狭隘，未复旧观，然湖上画船往来，必经寺门之外。游人过其地者，仿佛闻清梵余音犹缭绕于绿杨城外也。

绿杨村　绿杨村在慧因寺西，旧景为绿杨城郭，今设茶肆，为夏日招凉之所。其地介"城闉清梵"、"卷石洞天"二故迹间，村前署"绿杨村"三字额。初入村，跨以板桥，沿堤花木成行，境极深邃。画船群集，多在绿杨荫中。树梢远见长竿高悬白旗，大书"绿杨村"三红字，故时人有"白旗红字绿杨村"之说。临河茶肆，精舍数间，坐位雅洁。主人莳花为业。村之中心，编竹为篱而东，修竹千竿，干霄直上。丛竹中有茅亭一，署曰"冷香亭"，纳凉品茗，溽暑全消，真所谓"赤日行天午不知"也。亭之东凿池种荷，四周则环植杨柳。绿荫深处，茅屋三五间，为上等品茗之所。夏季钗光鬓影，小集其间，凭栏赏荷，洵为消暑胜境。每岁重阳时节，村中开菊花大会，尤为特色。主人以菊花制成龙形，龙口喷水不绝，五光十色，颇称精巧。届时士女来游者，尤极一时之盛。

■古图集萃

《平山堂图志》·城闉清梵

《南巡盛典》·慧因寺

《扬州画舫录》·城闉清梵

城閣清梵

《江南园林胜景》·城闉清梵

城闉清梵

瑞坤作于可园

城闉清梵 手绘图

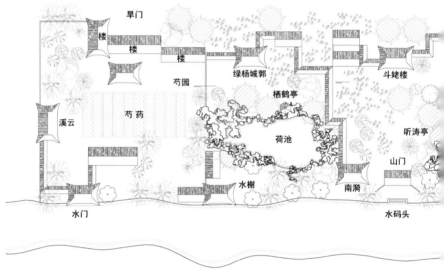

N

10 m
2 4 6 8 10

旱门

楼

楼   楼

芍园   绿杨城郭   斗姥楼

栖鹤亭

溪云   芍药   听涛亭

荷池   山门

水榭   南漪

水门   水码头

松树   杏花

榆树   古藤

柳树   海棠

白皮松   芍药

城闉清梵 复原图

问月桥

慧因寺

香悟亭

双清阁

涵光亭　御碑亭　城闉清梵

水码头　碑楼

桂花

槐树

玉兰

桃花

梅花

石榴

枫树

翠竹

第 6 章　卷石洞天

■景观概要

卷石洞天，又称小洪园，西与西园曲水相接，是清代扬州城北郊一座以叠石为主要特色的私家园林。建于清乾隆年间，以清初古郧园为基础建造。园主为奉宸苑卿、盐业商总洪徵治。历史建筑由群玉山房、薜萝水榭、夕阳红半楼、牡丹厅、委宛山房、方厅、半山亭、修竹丛桂之堂、丁溪、射圃等构成，园中植被有竹、柏、杏、桂、梧、柳、梅等。

■文献辑录

《平山堂图志》·卷二

卷石洞天　本员氏园址，奉宸苑卿洪徵治别业。北倚崇冈，陟级而下，右转，为正厅。前为曲廊，廊左迤南为群玉山堂，廊右为薜萝水榭，后临石壁。缘石壁以西，一带小亭、高阁，悉依山为势，藤花修竹，披拂萦绕。对岸为夕阳红半楼，楼右皆奇石森列。楼西度石桥，有巨石兀峙，镌"卷石洞天"四字于上，与北岸一水相望，非舟不能渡。其北岸高阁以西，少前为契秋阁，又西为平台，台上为牡丹厅。厅右为委宛山房，前对长廊。廊右为方厅，厅后为小池，蓄文鱼，山阁踞其上，池右小室鳞次。循廊以西，其北为半山亭，南为修竹丛桂之堂，堂前为石台，堂后则自东至西皆石壁也。石壁尽处为楼，楼右为曲室数重。其前为土山，种梅。

其西临水为屋，颜曰"丁溪"，分流如丁字也。土山以西为射圃，隔岸与倚虹园、御书亭对。

《扬州画舫录》·卷六

"卷石洞天"在"城闉清梵"之后，即古郧园地，郧园以怪石老木为胜，今归洪氏。以旧制临水太湖石山，搜岩剔穴为九狮形，置之水中。上点桥亭，题之曰"卷石洞天"，人呼之为小洪园。园自芍园便门过群玉山房长廊，入薜萝水榭。榭西循山路曲折入竹柏中，嵌黄石壁，高十余丈；中置屋数十间，斜折川风，碎摇溪月。东为契秋阁，西为委宛山房。房竟多竹，竹砌石岸，设小栏点太湖石。石隙老杏一株，横卧水上，天矫屈曲，莫可名状；人谓北郊杏树，惟法净寺方丈内一株与此一株为两绝。其右建修竹丛桂之堂，堂后红楼抱山，气极苍莽。其下临水小屋三楹，额曰"丁溪"，旁设水马头。其后土山透迤，庭宇萧疏，剪毛栽树，人家渐幽，额曰"射圃"，圃后即门。

群玉山房联云："渔浦浪花摇素壁（司空曙），玉峰晴色上朱栏（李群玉）。"过此，构廊与河蜿蜒，入薜萝水榭。后壁万石嵌合，离奇夭矫，如乳如鼻，如腭如脐。石骨不见，尽衣萝薜。榭前三面临水，歆身可以汲流漱齿。联云："云生砌户衣裳润（白居易），风带潮声枕簟凉（许浑）"。狮子九峰，中空外奇，玲珑磊块，手指攒撮，铁线疏剔，蜂房相比，蚁穴涌起，冻云合遝，波浪激冲，下水浅土，势若悬浮，横竖反侧，非人思议所及。树木森戟，既老且瘦。夕阳红半楼飞檐峻宇，斜出石隙。郊外假山，是为第一。

楼之佳者，以夕阳红半楼、夕阳双寺楼为最。桥之佳者，以九狮山石桥及春台旁砖桥、"春流画舫"中萧家桥、九峰园美人桥为最。低亚作梗，通水不通舟。

薜萝水榭之后，石路未平，或凸或凹，若踕若啮，蜿蜒隐见，绵亘数十丈。石路一折一层至四五折。而碧梧翠柳，水木明瑟，中构小庐，极幽邃窈窕之趣。颜曰"契秋阁"，联云："渚花张素锦（杜甫），月桂朗冲襟（骆宾王）。"过此又折入廊，廊西又折；折渐多，廊渐宽，前三间，后三间，中作小巷通之。覆脊如"工"字。廊竟又折，非楼非阁，罗幔绮窗，小有位次。过此又折入廊中，翠阁红亭，隐跃栏槛。忽一折入东南阁子，蹑步凌梯，数级而上，额曰"委宛山房"。联云："水石有余态（刘长卿），凫鹭亦好音（张九龄）。"阁旁一折再折，清韵丁丁，自竹中来。而折愈深，室愈小，到处粗可起居，所如顺适。启窗视之，月延四面，风招八方，近郭溪山，空明一片。游其间者，如蚁穿九曲珠，又如琉璃屏风，曲曲引人入胜也。

循委宛山房而出，渐入修竹丛桂之堂。联云："老干已分蟾窟影（申时行），采竿应取锦江鱼（林云凤）。"

扬州城郭，其形似鹤。城西北隅雉堞突出者，名仙鹤嗉；鹤嗉之对岸，临水筑室三楹，颜曰"丁溪"。盖室前之水，其源有二，一自保障湖来，一自南湖来，至此合为一水。而古市河水经鹤嗉北岸来会，形如丁字，故名"丁溪"，取巴江学字流之意也。联云："人烟隔水见（甫皇冉），香径小船通（许浑）。"

季雪村居射圃，地宽可较射。中构小室四五楹，皆雪村所居。雪村有水癖，雨时引檐溜贮于四五石大缸中，有桃花、黄梅、伏水、雪水之别。风雨则覆盖，晴则露之使受日月星之气，用以烹茶，味极甘美。

小洪园后门为旧时且停车茶肆，其旁为七贤居，亦茶肆也。二肆最盛于清明节放纸鸢、端午龙船市、九月重阳九皇会，斗蟋蟀，看菊花，岁时记中胜地也。

《扬州名胜录》·卷二

"卷石洞天"在"城闉清梵"之后，即古郧园也。郧园以怪石老木为胜，今归洪氏。以旧制临水太湖石山，搜岩剔穴，为九狮形，置之水中，上点桥亭，题之曰"卷石洞天"，人呼之为小洪园。园自芍园便门过群玉山房长廊，入薜萝水榭。榭西循山路曲折入竹柏中，嵌黄石壁高十余丈，中置屋数十间，斜折川风，碎摇溪月。东为契秋阁，西为委宛山房。房竞多竹，竹砌石岸，设小栏，点太湖石。石隙老杏一株，横卧水上，夭矫屈曲，莫可名状。人谓北郊杏树，惟法净寺方丈内一株与此一株为两绝。其右建修竹丛桂之堂，堂后红楼抱山，气极苍莽。其下临水小屋三楹，额曰"丁溪"，旁设水码头。其后土山逶迤，庭宇萧疏，翦毛栽树，人家渐幽，额曰"射圃"，圃后即门。

扬州城郭，其形似鹤。城西北隅雉堞突出者，名仙鹤膝；鹤膝之对岸，临水筑室三楹，额曰"丁溪"。盖室前之水，其源有二：一自保障湖来，一自南湖来，至此合为一。而古市河水经鹤膝北岸来会，形如"丁"字。故名丁溪，取巴江学字流之意也。联云："人烟隔水见（皇甫冉），香径小船通（许浑）。"

《江南园林胜景》（清代）收录自《扬州园林甲天下》扬州博物馆馆藏画本集萃

录文：卷石洞天 奉宸苑卿衔洪徵治叠石为山，玲珑窈窕，邱鬯天然。有"群玉山堂"、"夕阳红半楼"、"委宛山房"、"薜萝水榭"、"契秋阁"诸景。其子候选道洪肇根重修。

注：卷石洞天，扬州北郊二十四景之一。旧址在今新北门桥西北。1989年，市园林局在原址复建。

《扬州览胜录》·卷一

"卷石洞天"故址在今绿杨村西。清乾隆间为北郊二十四景之一，即古郧园也。郧园以怪石老木为胜，后归洪氏。以旧制临水，用太湖石迭为九狮形，置之水中，上点桥亭，题之曰"卷石洞天"，人呼之为小洪园。清嘉道后，园毁。至今水边沙际，怪石纵横，犹想见当年胜概。今三益农场建于此。

■古图集萃

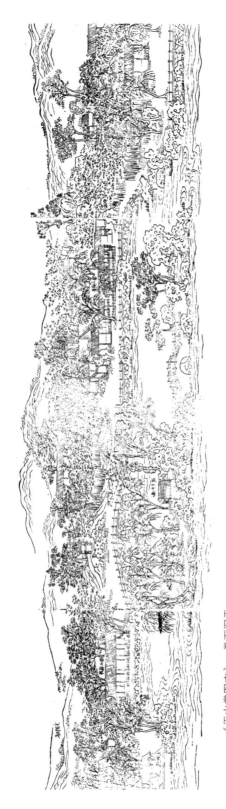

《平山堂图志》·卷石洞天

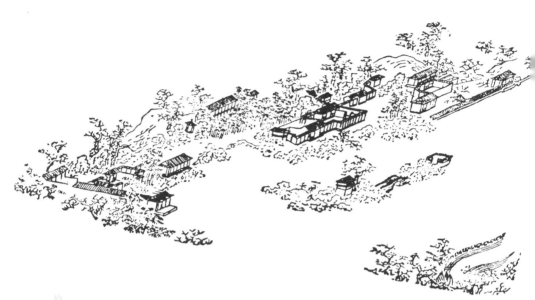

《扬州画舫录》·卷石洞天

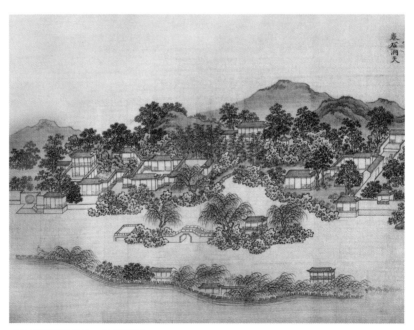

《江南园林胜景》·卷石洞天

卷石洞天 复原图

便门

群玉山堂

正厅

曲廊

薜萝水榭

亭

夕阳红半楼

高阁

昊秋阁

牡丹厅

石桥

奕奕山房

竹廊

方厅

亭

修竹丛桂之堂

七贤居茶肆

目峰车茶肆

红楼

曲室

丁溪

后园门

茶肆

射圃

梅花   石榴   枫树   紫竹

桂花   槐树   玉兰   桃花

合花   白榴   海棠   牡丹

松树   柏树   榉树   柏树

N   10m

卷石洞天

瑞坤画于可园

卷石洞天 手绘图

第 7 章　西园曲水

■景观概要

西园曲水，地处虹桥东南侧，西与冶春诗社相对，其位于河曲处，取"流觞曲水"之义，得名西园曲水。该园曾为张氏故园，乾隆年间先后为黄氏、江氏、鲍氏所得。园中建筑有濯清堂、觞咏楼、水明楼、新月楼、拂柳亭等，植被有松树、芍药、牡丹、海棠、桃李等。

■文献辑录

《平山堂图志》·卷二

本张氏故园，副使道黄晟购得之，加修葺焉。其地当保障湖一曲，对岸又昔贤修禊之所，因取禊序"流觞曲水"之义以名之。园在"卷石洞天"之右，临河为觞咏楼，楼后为濯清堂，堂左曲室数重。堂后穿竹径，迤西为水榭堂，右为土山，植丛桂。山以南为歌台，台西由曲廊北折为新月楼。楼右为拂柳亭，亭右由长廊再折而北，临池南向为楼，仿西域形制，曰水明楼。楼左一带，高楼邃阁绕濯清堂而东，前与曲室相接。

《扬州画舫录》·卷六

西园曲水，即古之西园茶肆。张氏、黄氏先后为园，继归汪氏。中有濯清堂、觞咏楼、水明楼、新月楼、拂柳亭诸胜。水明楼后，即园之旱门，与江园旱门相对，今归鲍氏。

觞咏楼联云："香溢金杯环满座（徐彦伯），诗成珠玉在挥毫（杜甫）。"楼之左作平台，通东边楼。楼后即小洪园、射圃，多梅。因于楼之后壁开户，裁纸为边，若横披画式，中以木槅嵌合。俟小洪园花开，趣抽去木槅，以楼后梅花为壁间画图。此前人所谓"尺幅窗、无心画"也。

濯清堂联云："十分春水双檐影（徐寅），百叶莲花万里香（李洞）。"堂前方池，广十余亩，尽种荷花。

觞咏楼，西南角多柳，楼廊穿树，长条短线，垂檐覆脊。春燕秋鸦，夕阳疏雨，无所不宜。中有拂柳亭，联云："曲径通幽处（高适），垂柳拂细波（温庭筠）。"北郊杨柳，至此曲尽其态矣。

新月楼，在拂柳亭畔，与田园冶春楼相对，湖上得月最早处也。联云："蝶衔红蕊蜂衔粉（高隐），露似珍珠月似弓（白居易）。"

水明楼，本杜工部"残月水明楼"句而名之也。《图志》谓仿西域形制，盖楼窗皆嵌玻璃，使内外上下激射，故名。联云："盈手水光寒不湿（李群玉），入帘花气静难忘（罗虬）。"

水明楼后，即西园后门。后门即野园酒肆旧址。康熙间，林古渡、刘公蔽、陈其年曾饮于此。其年诗云："迟日和风泛绿苹，飞花落絮罩红巾。此间帘影空于水，何处琴声细若尘？波上管弦三月饮，坐中裙屐六朝人。独怜长板桥头客，白发推南又暮春。"

《扬州名胜录》·卷二

"西园曲水"，即古之西园茶肆。张氏、黄氏先后为园，继归汪氏。中有濯清堂、觞咏楼、新月楼、拂柳亭诸胜。水明楼后，即园之旱门，与江园旱门相对。今归鲍氏。

《江南园林胜景》（清代）收录自《扬州园林甲天下》扬州

录文：西园曲水 水自北而东折，若半璧，旧为道员衔黄晟别业。依水曲折以置亭馆，有"新月楼"、"觞咏楼"、"拂柳亭"诸景。乾隆四十四年（1779），候选道汪羲重修。四十八年（1783），羲族弟候选知府灏再修。

注：西园曲水，扬州北郊二十四景之一。旧址在今虹桥东南，盆景园内。

《扬州览胜录》·卷一

"西园曲水"在"卷石洞天"之西，旧为北郊二十四景之一，即古之西园茶肆。张氏、黄氏先后为园，继归汪氏。中有濯清堂、觞咏楼、水明楼、新月楼、拂柳亭诸胜。水明楼即园之旱门，与江园旱门相对。清乾隆间归鲍氏，道咸后院圮。民国初年，邑人金德斋购其故址，复筑是园，今为邑人丁敬成所有，署曰"可园"。园门在虹桥东岸桥爪下，门内以松木制成花棚，曲折长数丈，棚上络以秋花，结实累累，小有景致。园之中心，面南筑草堂四间，草堂外有高柳三五株，短线长条，垂檐拂槛，夕阳疏雨，晴晦皆宜，柳外苍松五六株，形如矮塔，松下有花圃一区，以乱石围四周，中植芍药牡丹之属。草堂东南隅有土墩一，高约丈余，登其上，可远眺蜀冈诸胜。墩上有"西园曲水"石额一，嵌置短墙中，字为吴门毕贻策书，未题名。毕氏于民国初年在扬宦游久，与余为忘年交，故知为毕氏手笔也。按"西园曲水"四字，金氏筑园时本为园外门首石额。墩之四周多植红梅、桃李、海棠，春时看花，芳菲四溢（案：墩上金氏原筑有茅亭一，四面均玻璃窗，极轩敞，于赏梅尤宜。归丁氏后拆去，颇可惜）。园之西有荷池一，夹岸多栽柳，柳下间以木芙蓉，水木明瑟，逸趣横生。丁氏于水曲处新构小亭一座，额曰"柳荫路曲"，以复拂柳亭旧观，洵为有识。或亦暗访山阴兰亭"流觞曲水"之意，真可谓风雅好事矣。惟园未开放，游人欲入园者，须有友人介绍；或叩门而入，须经园丁认可。

■古图集萃

《扬州画舫录》·西园曲水

第 **7** 章 西园曲水

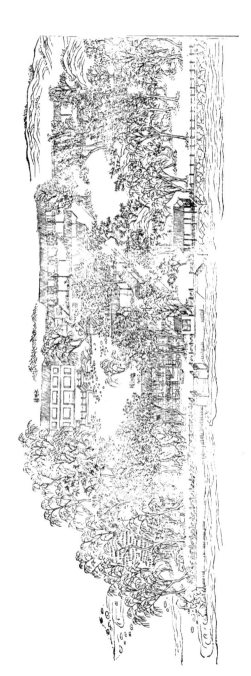

水曲园西·《平山堂图志》

西園曲水

《江南园林胜景》·西园曲水

西园曲水

瑞坤画于可园

西园曲水 手绘图

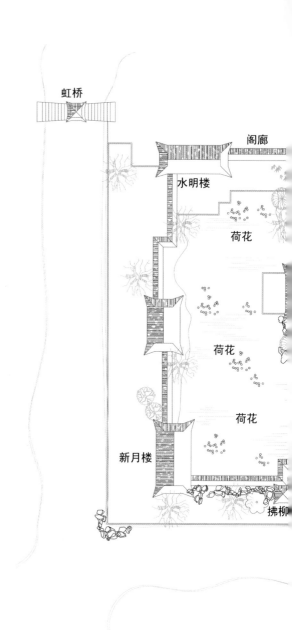

虹桥

阁廊

水明楼

荷花

荷花

荷花

新月楼

拂柳

西园曲水 复原图

曲室

詠楼

10 m

0 2 4 6 8 10

柳树

桂花

桃花

梅花

翠竹

第 8 章　倚虹园

■景观概要

倚虹园，始建于乾隆年间，景名虹桥修禊、柳湖春泛，先后属（元）崔伯亨、奉宸苑卿盐商洪征治。位于虹桥以南、渡春桥以北的保障河东西两岸，东岸为虹桥修禊，西岸为柳湖春泛，两景以渡春桥相接。虹桥修禊一景的主要建筑有园门、妙远堂（六楹）、饯春堂、饮虹阁（临水）、方壶岛屿、小马头、涵碧楼、宣石房、致佳楼、桂花书屋、水厅（朝西）、领芳轩、歌台（十余楹）、楼二十余楹（抱弯而转）。修禊亭、门厅三楹（临水，题"虹桥修禊"、碑亭）等，柳湖春泛一景有辋川图画阁（三楹）、流波华馆、湖心亭、小江潭（舫屋）等建筑。园中主要植被为竹、牡丹、松柏、杉、榆、柳、海桐等。

■文献辑录

《平山堂图志》·卷二

亦奉宸苑卿洪徵治筑。乾隆二十七年，我皇上临幸，赐今名，又赐"柳拖弱缕学垂手，梅展芳姿初试鬘"、"明月松间照，清泉石上流"二联。三十年，又赐"花木正佳二月景，人家疑近武陵溪"一联，又赐"致佳楼"三字额。园之景二，曰"红桥修禊"、"柳湖春泛"，其他即元之崔伯亨园旧址。园门临河南向，中为妙远堂，堂广六楹间，重檐叠拱，窗户洞达，结构最为雄丽。堂右为饯春堂，堂前为药栏，栏北为饮虹阁。堂左为水榭，其西浪花无际，是为柳湖。复由妙远堂后左折，为涵碧楼，楼后曲房窈窕，几莫能测其门径。楼右为致佳楼，御书额供其上。直南为桂花书屋，其右则面西水榭，接屋而起。屋后由曲廊北折，又西，为水厅，厅后叠黄石为山，山上种牡丹。其南曰领芳轩，轩后为歌台，台右为修禊楼，北临河，与虹桥对。其下为御碑亭，内供皇上御书石刻，其右则"柳湖春泛"也。湖即古之花山间保障河，水由虹桥直南下注焉，湖心累石为山，南北亘，"柳湖春泛"四字刻石上，山上建亭，种榆、柳、海桐，其东即倚虹园一带水榭。湖西岸为土山，缀以草亭者二。南岸为度春桥，桥西水中为半阁，阁西依岸为桥，桥西北为草阁，颜曰"辋川图画"。阁西缘土山北折而西，有草亭，在水中，曰流波华馆。馆西由平桥南折，为湖心亭，东缘水廊数折，有草屋如舫，曰小江潭。屋后土山兀起，建亭其巅。再北，与西岸草亭接矣。

《南巡盛典》·卷九十七

倚虹园 元崔伯亨园址，其地为红桥修禊之所。康熙间，王士贞赋《冶春诗》后，逢令节居人及四方士大夫祓水采兰追永和之觞咏。桥始木板为之，今易以石。桥之东南烟楼月榭，竹栏松廊，跩地垂杨，明湖若镜，所称柳湖春泛处也，皇上先后临幸并蒙睿赏焉。

《清代园林图录》

倚虹园园门在渡春桥东岸，门内为妙远堂，堂右为饯春堂。临水建饮虹阁，阁外方壶岛屿，湿翠浮岚。堂后开竹径，水次设小马头，逶迤入涵碧楼，楼后宣石房，旁建层楼，赐名致佳楼。直南为桂花书屋，右有水厅面西，一片石壁，用水穿透，杳不可测。

厅后牡丹最盛，由牡丹西入领芳轩，轩后筑歌台十余楹。台旁松柏杉槠，幽然浓阴。近水筑楼二十余楹，抱湾而转，其中筑修禊亭。外为临水大门，筑厅三楹，题曰虹桥修禊。涵碧楼前怪石突兀，古松盘曲如盖，穿石而过，有崖峻嶒秀拔，近若咫尺。其右密孔泉出，迸流直下，水声泠泠，入于湖中。有石门划裂，风大不可逼视，两壁摇动欲催。崖树交抱，聚石为步，宽者可通舟。楼后灌阴郁莽，浓翠扑衣，其旁有小屋，屋中叠石于梁栋之上，作钟乳垂状。其下巑岏岹嶆，千叠万复，七八折趋至屋前深沼中。屋后置石几榻，盛夏坐之忘暑。

《扬州画舫录》·卷十

"虹桥修禊"，元崔伯亨花园，今洪氏别墅也。洪氏有二园，"虹桥修禊"为大洪园，"卷石洞天"为小洪园。大洪园有二景，一为"虹桥修禊"，一为"柳湖春泛"。是园为王文简赋《冶春诗》处，后卢转运修禊亦于此，因以"虹桥修禊"名其景，列于牙牌二十四景中，恭邀赐名倚虹园。园门在渡春桥东岸，门内为妙远堂，堂右为饯春堂，临水建饮虹阁，阁外"方壶岛屿"、"湿翠浮岚"。堂后开竹径，水次设小马头，透迤入涵碧楼。楼后宣石房，旁建层屋，赐名致佳楼。直南为桂花书屋，右有水厅面西，一片石壁，用水穿透，杳不可测。厅后牡丹最盛，由牡丹西入领芳轩。轩后筑歌台十余楹，台旁松柏杉槠，郁然浓阴。近水筑楼二十余楹，抱湾而转，其中筑修禊亭。外为临水大门，筑厅三楹，题曰"虹桥修禊"。旁建碑亭，供奉御制诗二首。一云："虹桥自属广陵事，园倚虹桥偶问津。闹处笙歌宜远听，老人年纪爱亲询。柳拖弱絮学垂手，梅展芳姿初试嚬。预借花朝为上巳，冶春惯是此都民。"一云："情知石墅郡城西，遂舣兰舟步薛堤。花木正佳二月景，人家疑住武陵溪。笙歌隔水翻嫌闹，池馆藏筠致可题。片刻徘徊还进舫，蜀冈秀色重相偰。"

妙远堂，园中待游客地也。湖上每一园必作深堂，饬庖寝以供岁时宴游，如是堂之类。联云："河边淑气迎芳草（孙邈），城上春阴覆苑墙（杜甫）。"堂右筑饯春堂，联云："莺啼燕语芳菲节（毛熙震），蝶影蜂声烂缦时（李建勋）。"旁通水阁十余间如曲尺，额曰"饮虹阁"，峭廊飞梁，朱桥粉郭，互相掩映，目不暇给。

涵碧楼前怪石突兀。古松盘曲如盖，穿石而过，有崖峻嶒秀拔，近若咫尺。其右密孔泉出，迸流直下，水声泠泠，入于湖中。有石门划裂，风大不可逼视，两壁摇动欲摧。崖树交抱，聚石为步，宽者可通舟。下多尺二绣尾鱼，崖上有一二钓人，终年于是为业。楼后灌阴郁莽，浓翠扑衣。其旁有小屋，屋中叠石于梁栋上，作钟乳垂状。其下巉岏岹嶤，千叠万复，七八折趋至屋前深沼中。屋中置石几榻，盛夏坐之忘暑，严寒塞墐，几上加貂鼠彩绒，又可以围炉斗饮，真诡制也。

致佳楼五楹，供奉御扁石刻，及"花木正佳二月景，人家疑住武陵溪"一联。是楼亦在崔园旧址之内。楼后皆新辟荒地，并转角桥西口之冶春茶社围入园中。自是园始三面临水，水局乃大。中筑桂花书屋，逶迤连络小室数十间，令游者惝恍弗知所之。

倚虹园之胜在于水，水之胜在于水厅。自桂花书屋穿曲廊北折，又西建厅事临水，窗牖洞开，使花、山涧、湖光、石壁襄裳而来。夜不列罗帏，昼不空画屏。清交素友，往来如织。晨餐夕膳，芳气竟如凉苑疏寮，云阶月地，真上党熨斗台也。

湖上水廊以"四桥烟雨"之春水廊为最，水阁以九峰园之风漪阁、"四桥烟雨"之锦镜阁为最，水馆以"锦泉花屿"之微波馆为最，水堂以"荷蒲薰风"之来薰堂为最，水楼则以是园之修禊楼为最，盖以水局胜也。楼在园东南隅，湾如曲尺，楼下开门，上供奉御扁"倚虹园"三字，及"柳拖弱缕学垂手，梅展芳姿初试嚬"一联。门前即水马头。

园门右厅事三楹，中楣屏间鼓儿上刻"虹桥修禊"四字，大径尺余。旁筑短垣，开便门通转角桥。

"柳湖春泛"在渡春桥西岸，土阜蓊郁，利于栽柳。洪氏构草阁，题曰"辋川图画"。阁后山径蜿蜒入草亭，曰流波华馆。馆西步平桥入湖心亭，复于东作版廊数折入舫屋，曰小江潭。皆用档子法，谓之点景，如"邗上农桑"、"杏花村舍"之类。

辋川图画阁三楹，在杨柳间，树光蒙密，日色玲珑，禽鸟上下，水纹清妍。联云："此地惟堪图画障（白居易），不妨游更著南华（皮日休）。"

流波华馆后墙在湖漘，前荣在湖中，地上庋板，板上以文砖亚次，步之一片清空。联云："涧道余寒历冰雪（杜甫），浪花无际似潇湘（温庭筠）。"馆右复作板廊数折入湖心亭，左作宛转桥，曲折上小江潭。联云："竹室生虚白（陈子昂），波澜动远空（王维）。"

《扬州名胜录》·卷三

"虹桥修禊"，元崔伯亨花园，今洪氏别墅也。洪氏有二园："虹桥修禊"为大洪园，"卷石洞天"为小洪园。大洪园有二景：一为"虹桥修禊"，一为"柳湖春泛"。是园为王文简赋冶春诗处，后卢转运修禊亦于此，因以"虹桥修禊"名其景，列于牙牌二十四景中，恭邀赐名"倚虹园"。园门在渡春桥东岸，门内为妙远堂，堂右为饯春堂，临水建饮虹阁，阁外"方壶岛屿"、"湿翠浮岚"。堂后开竹径，水次设小码头，逶迤入涵碧楼。楼后宣石房，旁建层屋，赐名"致佳楼"。直南为桂花书屋，右有水厅面西，一片石壁，用水穿透，杳不可测。厅后牡丹最盛。由牡丹西入领芳轩。轩后筑歌台十余楹，台旁松、柏、杉、槠，郁然浓阴。近水筑楼二十余楹，抱湾而转，其中筑修禊亭。外为临水大门，筑厅三楹，题曰"虹桥修禊"，旁建碑亭，供奉御制诗二首。

"柳湖春泛"在渡春桥西岸，土阜蓊郁，利于栽柳。洪氏构草阁，题曰"辋川图画"。阁后山径蜿蜒入草亭，曰"流波华馆"。馆西步平桥入湖心亭，复于东作版廊数折，入舫屋，曰"小江潭"，皆用档子法，谓之点景，如"邙上农桑"、"杏花村舍"之类。

虹桥即红桥，在保障湖中。府志云："在北门外，一名虹桥。朱栏跨岸，绿杨盈堤，酒帘掩映，为郡城胜游地。"《鼓吹词序》云："在城西北二里，崇祯间形家设以锁水口者。朱栏数丈，远通两岸，彩虹卧波，丹蛟截水，不足以喻。而荷香柳色，曲栏雕楹，鳞次环绕，绵亘十余里。春夏之交繁弦急管，金勒画船，掩映出没于其间，诚一郡之丽观也。"文简游记云："出镇淮门，循小秦淮折而北，陂岸起伏，竹木蓊郁，人家多因水为园亭溪塘，幽窈明瑟，颇尽四时之美。拿小艇，循河西北行，林下尽处有桥，宛然如垂虹下饮于涧，又如丽人靓装照明镜中，所谓虹桥也。虹桥原系板桥，桥桩四层，层各四桩，桥板六层，层各四板。南北跨保障河口，围以红栏，故名'红桥'丙辰黄郎中履昂改建石桥。辛未后，巡盐御史吉庆、普福、高恒相次重建，上建过桥亭，'红'改作'虹'。"国初制府于公建虹桥书院，亦纪此桥之胜也。宗定九有《虹桥小景图》，卢雅雨有《虹桥览胜图》，方耦堂有《虹桥春泛图》，明春岩有《虹桥待月图》，今皆不存，惟程令延《虹桥图》在《扬州名园记中》。

虹桥为北郊佳丽之地，游人泛湖，以秋衣、蜡屐打包，茶甒、灯遮、点心、酒盏，归之茶担，肩随以出。若治具待客湖上，先投束帖，上书"湖舫侯玉"，相沿成俗，浸以为礼。平时招携有赏，无是文也。《小郎词》云："丢眼邀朋游伎馆，拚头结伴上湖船。"此风亦复不少。

虹桥码头，地名"虹桥爪"。其下旧为采菱、踏藕、罱捞、沉网诸船所泊，间有小舟，则寺僧所具也。近年增有"丝瓜架划子船"，自成其一浜，为虹桥码头。

虹桥爪为长堤之始，逶迤至司徒庙上山路而止。"长堤春柳"、"桃花坞"、"春台祝寿"、"筱园花瑞"、"蜀冈朝旭"五景皆在堤上。城外声伎、饮食集于是，土风游冶，有不可没者。

《江南园林胜景》（清代）收录自《扬州园林甲天下》扬州博物馆馆藏画本集萃

录文：倚虹园 在虹桥东南，一称"虹桥修禊"。奉宸苑卿衔洪徵治建，其子候选道肇根重修。园傍城西濠。三面临河。南向，北面即"虹桥修禊"。有"领芳轩"，轩前牡丹最盛。迤西南为"饯春馆"，红药成畦，湖山环绕。向南，堂构宏敞，堂后东偏有楼，修竹丛桂，曲廊洞房，据一园之胜。乾隆二十七年（1762），蒙皇上临幸，赐御书"倚虹园"匾额，并"柳拖弱缕学垂手，梅展芳姿初试嚬"一联。又"明月松间照，清泉石上流"一联。三十年（1765），蒙皇上御书"致佳楼"（匾）额，并"花木正佳二月景，人家疑近五陵溪"一联。又赐御临黄庭坚书《寒山子庞居士诗卷》一轴。四十五年（1780），御题七律诗一首，又蒙恩赐御临怀素草书《千字文》一卷。

注：倚虹园旧址在今扬州大学瘦西湖校区东隅。

《江南园林胜景》（清代）收录自《扬州园林甲天下》扬州博物馆馆藏画本集萃

录文：柳湖春泛 在通泗门外，"倚虹园"西，亦洪徵治池馆，其子肇根重修。湖心垒石为山，建亭其上。南为度春桥，桥之西北，临流台榭，掩暎参差。芦荻荷花，一望无际。

注：柳湖春泛旧址在今扬州大学瘦西湖校区东南一带。

■古图集萃

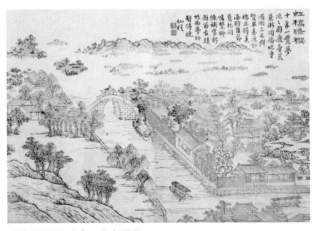

《续泛槎图三集》·虹桥修禊

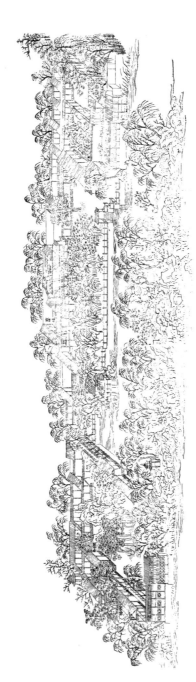

《水墨山图志》·倚虹园

《南巡盛典》·倚虹园

《清代园林图录》·倚虹园

《清代园林图录》·倚虹园

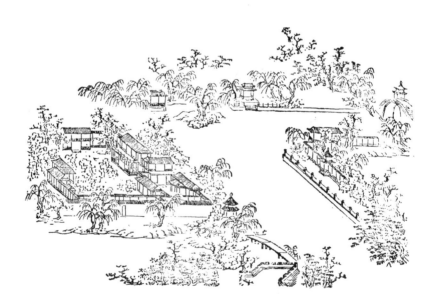

《扬州画舫录》·虹桥修禊

082

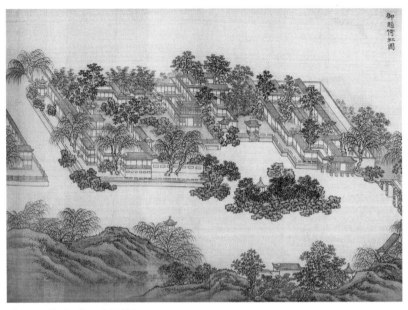

《江南园林胜景》·御题倚虹园

《江南园林胜景》·柳湖春泛

虹桥修禊
瑞坤画于可园

虹桥修禊 手绘图

松树

梧桐

柳树

柏树

临水大门

碑亭

歇台

领芳轩

修禊楼

桂花书屋

致佳楼

水厅

10m

N

倚虹园 复原图

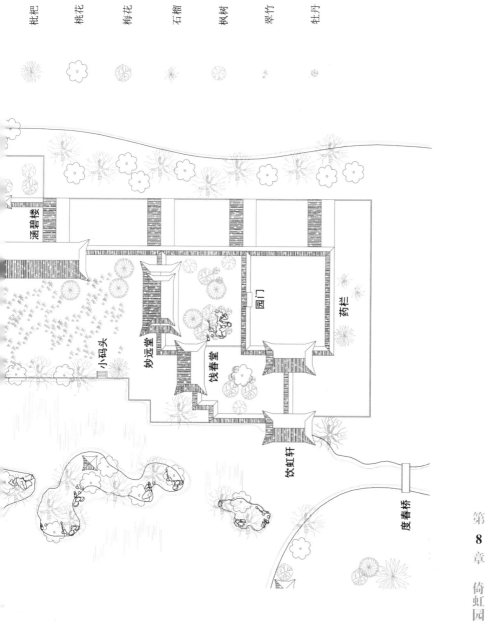

枇杷　　桃花　　梅花　　石榴　　枫树　　翠竹　　牡丹

涵碧楼

小码头

妙远堂

饯春堂

园门

药栏

饮虹轩

度春桥

第 9 章　净香园

■景观概要

　　净香园，别名江园，始建于乾隆年间，内有清二十四景之荷浦薰风、香海慈云。是奉承苑卿、盐商江春的私家园林。园门在虹桥东岸，南与西园曲水旱门相对，园北与趣园相接。园分三景，分别为青琅玕馆在南、荷浦薰风、香海慈云在北。青琅玕馆的主要建筑有清华堂、青琅玕馆、竹舫、春雨廊、杏花春雨之堂等，植被以竹、柳、杏、梅为主。荷浦薰风主要建筑包括怡性堂、天光云影楼、翠玲珑阁、涵虚阁等，植被有朱藤、梅花、玉兰、安石榴、松柏、梧桐等。香海慈云主要建筑包括来薰堂、浣香楼、珊瑚林、仙山亭等。

■文献辑录

《平山堂图志》·卷二

　　奉宸苑卿江春别业。乾隆二十七年，我皇上临幸，赐今名，又赐"结念底须怀烂熳，洗心雅足契清凉"、"竹喧归浣女，莲动下渔舟"二联。三十年，又赐"雨过净猗竹，夏前香想莲"一联，又赐"怡性堂"三字额。园分三景，曰青琅玕馆、"荷浦薰风"、"香海慈云"。园门在虹桥东，入门，修篁夹植，转竹扉，循堤而至一堂，内奉御书"净香园"额，堂面西临湖。堂右穿竹径至青琅玕馆，林於千竿，大小石峰矗立，交翠亭午，温风不烁。由曲廊而出，有屋如船，曰竹舫。启窗西望，湖中小山曰浮梅屿，屿上有亭，黄瓦翼然，中安御书"净香园"石刻。由竹舫而北，为春雨廊。廊之半为绿杨湾，其前石工蜿蜒，水中为春褉亭。其旁为肆亭。其旁为肆射之所，地平如砥，左竹右杏。历阶而上，曰"怡性堂"，皇上御题额也。堂左仿泰西营造法为室五重，东面直视，若一览可尽；及身入其中，左右数十折，不能竟重室之末。左出小廊，有屋如半矩，曰翠玲珑阁。右折而北，有小池，畜文鱼，过此则入船屋。又出小曲廊，叠石引泉，面南有小亭，曲水流觞绕阶下。亭后右出为半阁，阁下为堂，堂前广庭列苪梅花、玉兰，假山皆作大斧劈皴。其后楹则为蓬壶影堂之侧，曰天光云影楼。楼后朱藤延蔓，如雩莆锦。楼西波光潋滟，芙蕖满胡，是为"荷蒲薰风"。南即怡性堂，北为春波桥，一园之胜，举目而得。楼之左厢折而东，则为秋晖书屋，其北则丛桂离立，浓香袭衣。拾级而登，为涵虚阁，八窗洞开，下临石径，与春波桥接。阁下多松拍、栝桧、棕榈、梧桐，而安石榴最繁。缘桥以西，则为来薰堂。堂之左曰"银塘清晓"，堂前后皆水，翼以平台，周以石栏，宜荷花，宜月。南登小楼，飞廊复道数折，曰浣香楼。前面春褉亭，其下为白莲亭。再由来薰堂后过宛转桥，至海云龛。龛奉大士像，曾经皇上临幸，赐西域香以供，龛在水中，四面白莲花围绕。龛前跨水建坊，颜其桓曰"香海慈云"。龛后有曲杠，越杠，沿堤憩舣舟亭，隔湖则为珊瑚林、桃花池馆、勺泉亭，绯桃无际，绚烂若锦绣。过小桥并桃花岭，迤逦穿花而行，遂达于依山亭。倚亭而望，则为迎翠楼，有复道可眺其北，则与趣园接矣。

《南巡盛典》·卷九十七

净香园　由虹桥而东筑室恭奉御题联额，堂之右为青琅玕馆，森然千竿，峰石矗立，由曲廊而北曰怡性堂，堂左则仿泰西营造法为室，五重数十折不能竟过，此层栏绕屋曲槛临波曰荷浦薰风，折而之北则春波桥在焉，水中有阁，巍然高峙者曰海云龛，内奉大士，四面白莲围绕，跨水一坊颜曰香海慈云，直北则接趣园矣。

《扬州画舫录》·卷十二

"荷浦薰风"在虹桥东岸，一名江园。乾隆二十七年，皇上赐名"净香园"。御制诗二首，一云："满浦红荷六月芳，慈云大小水中央。无边愿力超尘海，有喜题名曰净香。结念底须怀烂缦，洗心雅足契清凉。片时小憩移舟去，得句高斋兴已偿。"一云："雨过净依竹，夏前香想莲。不期教步缓，率得以神传。几洁待题研，窗含活画船。笙歌题那畔，可入牧之篇。"园门在虹桥东，竹树夹道，竹中筑小屋，称为水亭。亭外清华堂、青琅玕馆，其外为浮梅屿。竹竟为春雨廊、杏花春雨之堂，堂后为习射圃，圃外为绿杨湾。水中建亭，额曰"春禊射圃"。前建敞厅五楹，上赐名"怡性堂"。堂左构子舍，仿泰西营造法，中筑翠玲珑馆，出为蓬壶影。其下即三卷厅，旁为江山四望楼。楼之尾接天光云影楼，楼后朱藤延曼，旁有秋晖书屋及涵虚阁诸胜。又有春波桥，桥外有来薰堂、浣香楼、海云龛、舣舟亭，桥里有珊瑚林、桃花馆、勺泉、依山二亭，由此入筱溪莎径，而至迎翠楼。

江园门与西园门衡宇相望，内开竹径，临水筑曲尺洞房，额曰"银塘春晓"。园丁于此为茶肆，呼曰"江园水亭"，其下多白鹅。

清华堂临水，荇藻生足下，联云："芰荷叠映蔚（谢灵运），水木湛清华（谢混）。"堂后箽篷数万，摇曳帘际。左望一片修廊，天低树微，楼阁晻暖；堂后长廊逶迤，修竹映带。由廊下门入竹径，中藏矮屋，曰"青琅玕馆"。联云："遥岑出寸碧（韩愈），野竹上青霄（杜甫）。"是地有碑亭，御制诗云："万玉丛中一迳分，细飘天籁迥干云。忽听墙外管弦沸，却恐无端笑此君。"

接青琅玕馆之尾，复构小廊十数楹，额曰"春雨廊"。廊竟，广筑杏花春雨之堂，联云："明月夜舟渔父唱（孟宾于），隔帘微雨杏花香（韩愈）。"今其堂已墟为射圃矣。

修廊之外，水中乱石漂泊，为浮梅屿，河至此分为二，杭大宗诗"才过虹桥路又叉"谓此。屿上建碑亭，供奉石刻御赐扁"净香园"三字及"雨过净猗竹，夏前香想莲"一联。是屿丹崖青壁，眠沙卧水，宛然小瞩。

廊下开门为水马头，额曰"绿杨湾"。联云："金塘柳色前溪曲（温庭筠），玉洞桃花万树春（许浑）。"门外春禊亭在水中，有小桥与浮梅屿通。联云："柳占三春色（温庭筠），荷香四座风（刘威）。"

绿杨湾门内建厅事，悬御扁"怡性堂"三字及"结念底须怀烂缦，洗心雅足契清凉"一联。栋宇轩豁，金铺玉锁，前厂后荫。右靠山用文楠雕密箐，上筑仙楼，陈设木榻，刻香檀为飞廉、花槛、瓦木阶砌之类。左靠山仿效西洋人制法，前设栏楯，构深屋，望之如数什百千层，一旋一折，目炫足惧，惟闻钟声，令人依声而转。盖室之中设自鸣钟，屋一折则钟一鸣，关捩与折相应。外画山河海屿，海洋道路。对面设影灯，用玻璃镜取屋内所画影，上开天窗盈尺，令天光云影相摩荡，兼以日月之光射之，晶耀绝伦。更点宣石如车箱侧立，由是左旋，入小廊，至翠玲珑馆，小池规月，矮竹引风，屋内结花篱。悉用赣州滩河小石子，甃地作连环方胜式。旁设书棂，计四，旁开棂门，至蓬壶影。联云："碧瓦朱甍照城郭（杜甫），穿池叠石写蓬壶（常元旦）。"是地亦名西斋，本唐氏西庄之基，后归土人种菊，谓之唐村。村乃保障旧埂，俗曰唐家湖，江氏买唐村，掘地得宣石数万，石盖古西村假山之埋没土中者。江氏因堆成小山，构室于上，额曰"水佩风裳"。联云："美花多映竹（杜甫），无处不生莲（杜荀鹤）。"是石为石工仇好石所作。好石年二十有一，因点是石，得痨瘵而死。

怡性堂后竹柏丛生。取小径入圆门，门内危楼切云，名曰"江山四望楼"。联云："山红涧碧纷烂缦（韩愈），竹轩兰砌共清虚（李咸用）。"

涵虚阁在江山四望楼之左，凡四间，后窗在绿杨湾之小廊内，游人多憩息于此。联云："圆潭写流月（孙逖），华岸上春潮（清江）。"

天光云影楼在江山四望楼之尾，曲尺相接，楼下不相通，而楼上相通。联云："檐横翠巘秋光近（吴融），波上长虹晚景摇（罗邺）。"

秋晖书屋在天光云影楼左一层，为江山四望楼后第一层，制如卧室，游人多憩息于此。联云："诗书敦夙好（陶潜），山水有清音（左思）。"江园最胜在怡性堂后，曩尝作游记一首，因附录之。记云："辛卯七月朔，越六日乙巳，客有邀余湖上者。酒一瓮、米五斗、铛三足、灯二十有六、挂棋一局、洞箫一品，篙二手，客与舟子二十有二人，共一舟，放乎中流。有倚槛而坐者，有俯视流水者，有茗战者，有对弈者，有从旁而谛视者，有怜其技之不工而为之指画者，有捻须而浩叹者，有讼成败于局外者，于是一局甫终，一局又起，颠倒得失，转相战斗。有脱足者，有歌者、和者，有顾盼指点者，有隔座目语者，有隔舟相呼应者，纵横位次，席不暇暖。是时舟入绿杨湾，行且住，舍而具食。食讫，客病其嚣，戒弈，亦不游，共坐涵虚阁各言故事。人心方静，词锋顿起，举唐、宋小说志异诸书，尽入麈下。自庞眉秃发以至白晳年少，人如其言而言如其事。又有寓意于神仙鬼怪之说，至于无可考证，耀采缤纷。或指其地神其说曰：'某时某事，吾先人之所闻也；某乡某井，吾童子时所亲见也。'纂组异闻，网罗轶事，猥琐赘余，丝纷栉比，一经奇见而色飞，偶尔艳聆而绝倒。乃琐至顧曲谐谑，释梵巫咒，傩逐伶倡，如擎至宝，如读异书，不觉永日易尽。是时夕阳晚红，烟出景暮，遂饮阁中。酒三巡，或拇战，或独酌，或歌，或饮，听客之所为。酒酣耳热，箫声于于，摇艇入烟波中。两岸秋花，哀红自矜。暮云断处，银河水浅，牵牛相与。芳草为萤，的历照人；哀蝉恋树，咽夜互鸣。新月无力，易于沉水；夜静山空，扁舟容与。灯火灿烂，菱蔓不定；竹喧鸟散，曙色欲明。寺钟初动，舟中人皆有离别可怜之色。今夕何夕？盖古之所谓七夕也。归舟共卧于天光云影楼下。七夕既尽，八日复同登天光云影楼；不洗盥，不饮食，不笑语；仰首者辄负手，巡檐者半摇步，倚栏者皆支颐，注目者必息气，欠伸者余睡情，箕踞者多睥睨，各有潇洒出尘之想。"

涵虚阁外构小亭，置四屏风，嵌"荷浦薰风"四字。过此即珊瑚林、桃花馆。对岸即来薰堂、海云龛、而春波桥跨园中内夹河。桥西为"荷浦薰风"，桥东为"香海慈云"。是地前湖后浦，湖种红荷花，植木为标以护之；浦种白荷花，筑土为堤以护之。堤上开小口，使浦水与湖水通。上立枋楔，左右四柱，中实"香海慈云"之额，为尹相国继善所书。

来薰堂在春波桥东，前湖后浦，左为荣，右靠山。入浣香楼，堂中联云："烟开翠扇清风晓（许浑），日暖金阶昼刻移（羊士谔）。"楼中联云："谷静秋泉响（孟浩然），楼深复道通（柴宿）。"

"香海慈云"枋楔，立于外河东岸。由枋楔下水门，入荷浦，中设档木，通水不通舟。浦中建圆屋，屋之正面对水门，左设板桥数折，通来薰堂，屋上有重屋，窗棂上嵌合"海云龛"三字。屋中供观音像，坐菡萏，有机捩如转轮藏，朱轮潜运，圜转如飞。联云："高座登莲叶（慧净），晨斋就水声（法照）。"龛上供千手眼大士像。二臂合掌，余擎莲花、火轮、剑、杵、铜、槊，并日月轮火焰之属；身着袈裟，金碧错杂，光彩陆离。联云："紫云盛宝界（郑情），彩舫入花津（权德舆）。"昔金棕亭诗云"慈云一片香海中"谓此。

舣舟亭，浦中小泊地也。联云："阶墀近洲渚（高适），来往在烟霞（方干）。"

涵虚阁之北，树木幽邃，声如清瑟凉琴。半山槲叶当窗槛间，碎影动摇，斜晖静照，野色运山，古木色变，春初时青，未几白，白者苍，绿者碧，碧者黄，黄变赤，赤变紫，皆异艳奇采，不可殚记。颜其室曰"珊瑚林"。联云："艳采芬姿相点缀（权德舆），珊瑚玉树交枝柯（韩愈）。"由珊瑚林之末，疏桐高柳间，得曲尺房栊，名曰"桃花池馆"。联云："千树桃花万年药（元稹），半潭秋水一房山（李洞）。"北郊上桃花，以此为最，花在后山，故游人不多见。每逢山溪水发，急趋保障湖，一片红霞，汩没波际，如挂帆分波，为湖上流水桃花一胜也。

江园中勺泉，论水者皆弗道。不知保障湖中皆有泉，其味极甘洌，故今东城水船，皆取资于此。勺泉本在保障湖心，江氏构亭，穴其上，上安辘轳，下用阑槛，园丁游人，汲饮是赖。后因旁筑土山，岁久遂随地脉走入湖中，而亭中之井智矣。

由倚山亭之北，筑墙十数丈，中种梧竹，颜曰"藤蹊竹径"。盖至此夹河已会于湖，于湖口构"迎翠楼"。联云："金涧流春水（王昌龄），虹桥转翠屏（宋之问）。"黄园之锦镜阁，即在楼南。

《扬州名胜录》·卷三

"荷浦薰风"在虹桥东岸，一名江园。乾隆二十七年皇上赐名"净香园"，御制诗二首。园门在虹桥东，竹树夹道，竹中筑小屋，称为水亭。亭外清华堂、青琅玕馆，其外为溪梅屿；竹竟为春雨廊、杏花春雨之堂。堂后为习射圃，圃外为绿杨湾，水中建亭，额曰"春禊射圃"。前建敞厅五楹，上赐名"怡性堂"。堂左构子舍，仿泰西营造法；中筑翠玲珑馆，出为蓬壶影。其下即三卷厅，旁为江山四望楼，楼之尾接天江云影楼。楼后朱藤延蔓，旁有秋晖书屋及涵虚阁诸胜。又有春波桥，桥外有来薰堂、浣香楼、海云龛、舣舟亭；桥里有珊瑚林、桃花馆、勺泉、依山二亭。由此入筱溪莎径，而至迎翠楼。江园门与西园门衡宇相望，内开竹径，临水筑曲尺洞房，额曰"银塘春晓"。园丁于此为茶肆，呼曰"江园水亭"，其下多白鹅。

《江南园林胜景》（清代）收录自《扬州园林甲天下》扬州博物馆馆藏画本集萃

录文：净香园 即"荷浦薰风"。乃保障河最宽广处，江春重加浚治。遍植鞭蕖，碧叶田田，一望无际。花时奇品异色，微风徐动，如和衆香。乾隆二十七年（1762），蒙皇上赐今名，御书匾额，并御书"结念底须怀烂漫，洗心雅足契清凉"一联，又"竹喧归浣女，莲动下渔舟"一联。三十年（1765），蒙赐御书"怡性堂"匾额，并"雨过净猗竹，夏前香想莲"一联。又赐御临董其昌《仿杨凝式大仙帖卷》一轴。四十五年（1780），御制五言律诗一首，又赐御临董其昌《畸墅诗帖》一卷。

注：净香园旧址在虹桥东岸，今江苏省扬州工人疗养院内。

《广陵名胜全图》

近水人家，往往种荷。江春亦于兹地，除葑草，排淤泥，植荷无数。奇葩异色，如和众香……是地前湖后浦，湖种红荷花，植木为标以护之；浦种白荷花，筑土为堤以护之。

《扬州览胜录》·卷一

"荷浦薰风"故址在虹桥东岸，旧为北郊二十四景之一。其景属江园。江园与西园曲水对门。江方伯春之家园也。乾隆二十七年，高宗南巡，临幸是园，赐名"净香园"。园内有清花堂、青琅玕馆、青雨廊、杏花春雨之堂，又有怡性堂、翠玲珑馆及涵虚阁诸胜，其中最胜则在怡性堂。涵虚阁外构小亭，置四屏风，嵌"荷浦薰风"四字。是地前湖后浦，湖种红荷花，植木为标以护之；浦种白荷花，筑土为堤以护之。荷花世界，此为丽观。嘉道以后，江园荒废，旧景无存。今湖上于江园旧址建筑熊园，于湖面遍种荷花，以复旧观，仍植木护之。夏日画船小泊浦外，呼吸清凉，直觉热念都消也。

"香海慈云"旧属江园范围，为北郊二十四景之一。其地浦水与湖水本不相通，江园主人于堤上开小口，使浦水与湖水通。上立枋楔，左右四柱，中实"香海慈云"之额，字为尹文端公所书。昔金棕亭诗云："慈云一片海香中"，谓此。惜其迹久毁矣。今香海慈云之境则建立在湖中小金山山麓，山麓建有观音殿，其地较平地高数尺，由此可上小金山，登风亭。殿门前墙上嵌有石刻"香海慈云"四字，盖复旧观也。壁上旧有名人画迹，今尚存。

■古图集萃

《南巡盛典》·净香园

《水竹居图》·史春园

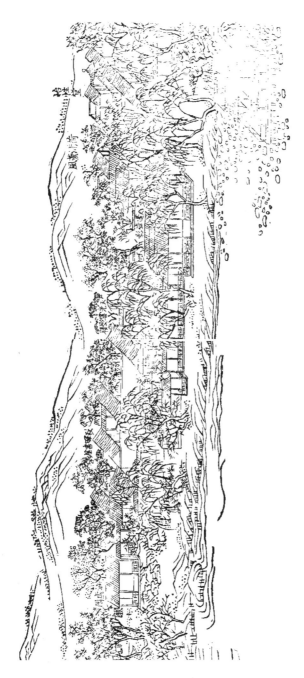

《平山堂图志》·荷浦薰风

《平山堂图志》·香海慈云

《扬州画舫录》·荷浦薰风

《江南园林胜景》·净香园

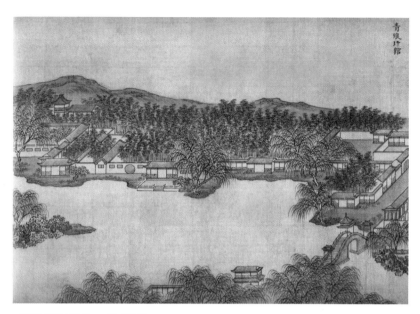

《江南园林胜景》·青琅玕馆

《江南园林胜景》·香海慈云

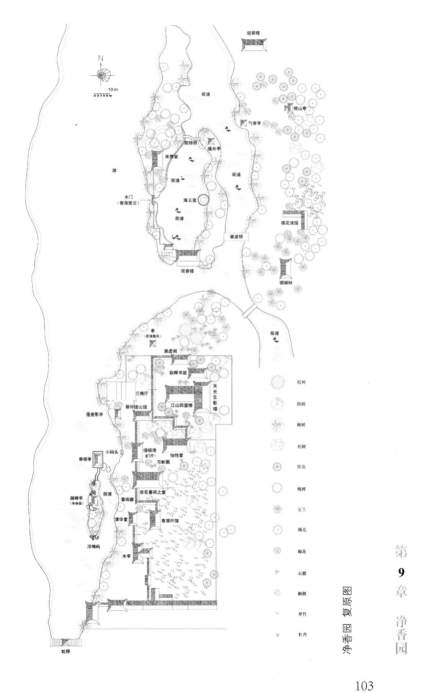

净香园 复原图

迎翠楼

荷浦

镜山亭

勺泉亭

宛转桥

荡舟亭

来薰堂

湖

荷浦

水门
(香海慈云)

海云堂

荷浦

荷浦

桃花池馆

春波桥

澹香楼

珊瑚林

荷浦

亭
(荷浦集灵)

涵虚阁

秋晖书屋

三楷厅

天光云影楼

拳玲珑山馆

江山四望楼

莲波影亭

小码头

绿杨湾
(门厅)

怡性堂

习射圃

春禊亭

御碑亭
(净香园)

荷浦

杏花春雨之堂

春雨廊

青绿轩馆

清华堂

浮搓舫

水亭

虹桥

松树

梧桐

柳树

柏树

桂花

槐树

玉兰

桃花

梅花

石榴

枫树

翠竹

牡丹

荷浦薰风 手绘图

第 10 章　冶春诗社

■景观概要

冶春诗社，始建于康熙年间。清康熙、乾隆年间，曾相继为王山蔚、田毓瑞别墅。位于虹桥西南，与西园曲水隔河相望，南接柳湖春泛。据文献记载，康熙初年，王士禛在此修禊，赋"冶春"绝句，故以冶春为名，成为湖上文人雅集之处。主要建筑有香影楼、云构亭、冶春楼、秋思山房等。园中起土为山，引水为池，多古树，植槐、榆、柳、梅、竹、海桐、玉兰、牡丹、青桂等。

■文献辑录

《扬州画舫录》·卷十

"冶春诗社"在虹桥西岸，康熙间虹桥茶肆名冶春社，孔东塘为之题榜，旁为王山蔚别墅。厉樊榭有诗云："王家楼子不多宽，五月添衣怯晚寒。树底鸣蝉树头雨，酒人泥杀曲栏杆。"即此地也。后归田氏，并以冶春诗社围入园中，题其景曰冶春诗社。由辋川图画阁旁卷墙门入丛竹中，高树或仰或偃，怪石忽出忽没，构数十间小廊于山后，时见时隐。外构方亭，题曰怀仙馆。馆左小水口，引水注池中，上覆方板，入秋思山房。其旁构方楼，通阁道，为冶春楼。楼南有槐荫厅，楼北有桥西草堂，楼尾接香影楼。后山构山亭二：一曰欧谱，一曰云构。

怀仙馆，八柱四荣，重屋十脊，临水次。前荣对镇淮门市河，联云：“白云明月偏相识（任华），行酒赋诗乐未央（杜甫）。”

秋思山房在水树间，联云：“天气涵竹气（张说），山光满湖光（冯戴）。”忆余昔年夏间暑甚，同人出小东门，打桨而行，浊河浑流，狭束逼仄，挥汗如雨。迨出东水门，山气如墨，白鹭翻波。无何，风雨骤至，舣舟斗姥宫，舟几覆。雨小，舟子沿岸牵至冶春楼，上岸入楼中，乃敞其室而听雨焉。园丁沽酒荐蔬，逾时箸落杯空。雨止，湖上浓阴，经雨如揩，竹湿烟浮，轻纱嫌薄。东望倚虹园一带，云归别峰，水抱斜城；北望江雨又动，寒色生于木末。因移入楼南临水方亭中待之，不觉秋思渐生也。

是园阁道之胜，比东园而有其规矩，无其沉重；或连或断，随处通达。由秋思山房后，厅事三楹，额曰槐荫厅。联云：“小院回廊春寂寂（杜甫），朱阑芳草绿纤纤（刘兼）。”由厅入冶春楼，联云：风月万家河两岸（白居易），菖蒲翻叶柳交枝（卢纶）。”楼上三面蹑虚，西对曲岸林塘，南对花山涧，北自小门入阁道。两边束朱阑，宽者可携手偕行，窄者仅容一身。渐行渐高，下视阑外，已在玉兰树薹。廊竟接露台，置石几一，瓷墩四。饮酒其上，直可方之石曼卿巢饮。旁点黄石三四级。阁道愈行愈西，入香影楼，盖以文简“衣香人影”句名之。联云：“堤月桥边好时景（郑谷），银鞍绣毂盛繁华（王勃）。”楼北小门又入一层，楼外作小露台，台缺处叠黄石，齿齿而下，即是园之楼下厅也，额曰桥西草堂，联云：“绿竹漫侵行径里（刘长卿），飞花故落舞筵前（苏颋）。”堂后旱门，通虹桥西路。

桥西草堂，右由露台一带，土气积郁，叠以黄石，嶙峋棱角，老树眠卧侍立，各尽其状。中构六角亭，名曰欧谱，四方亭名曰云构。

联云："山雨樽仍在（杜甫），亭香草不凡（张祜）。"

《扬州名胜录》·卷三

冶春诗社在虹桥西岸。康熙间，虹桥茶肆名冶春社，孔东塘为之题榜。旁为王山蔼别墅。厉樊榭有诗云："王家楼子不多宽，五月添衣怯晚寒。树底鸣蝉树头雨，酒人泥杀曲栏杆。"即此地也。后归田氏，并以冶春社围入园中，题其景曰"冶春诗社"。由"辋川图画"阁旁巷墙门入丛竹中，高树或仰或偃，怪石或出或没。构数十间小廊于山后，时见时隐，外构方亭，题曰"怀仙馆"。馆左小水口，引水注池中，上覆方板，入秋思山房；其旁构方楼，通阁道，为冶春楼。楼南有槐荫厅，楼北有桥西草堂，楼尾接香影楼。后山构山亭二：一曰"欧谱"，一曰"云构"。

《江南园林胜景》（清代）收录自《扬州园林甲天下》扬州博物馆馆藏画本集萃

录文：冶春诗社 王士正（祯）赋《冶春词》即此地。冶春，本酒家楼，后为候选州同王士铭园亭，捐知府衔田毓瑞重构。园在虹桥以西，临河而起者为"香影楼"。又有"冶春楼"、"怀仙馆"、"秋思山房"、"云构"、"欧谱"二亭，与"净香"、"倚虹"诸园遥遥暎带。其子候选布政司理问田本，同从弟候选光禄寺典簿田桐叠加修葺。

注：冶春诗社，扬州北郊二十四景之一。旧址在虹桥西岸，今扬州大学瘦西湖校区。

《扬州览胜录》·卷一

"冶春诗社"故址在虹桥西岸，旧为北郊二十四景之一。清康熙年间，红桥茶肆名冶春社，孔东塘为之题榜。旁为王山蔼别墅。厉樊榭有诗云："王家楼子不多宽，五月添衣怯晚寒。树底鸣蝉树头雨，酒人泥杀曲栏杆。"即此地也。后归知府田毓瑞，并以冶春社围入园中，题其景曰"冶春诗社"。王文简赋《冶春》诗于此，后遂传为故事。其地后属倚虹园。嘉道以后，此景遂废。民国四年，湖上建徐园，扬州冶春后社诗人请于园内，精室三间，极为幽敞，题曰"冶春后社"，江都吉孝廉亮工书。联云："社名仍号冶春，何必改作；来者都为游夏，可与言诗。"亦吉孝廉撰句并书，款署"风风"二字草书，颇奇。内供王文简公栗主，悬文简遗像，春秋祀之。

■古图集萃

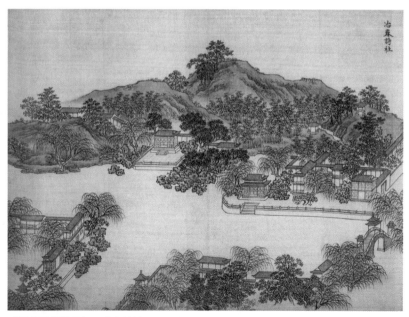

《江南园林胜景》·冶春诗社

《平山堂图志》·冶春诗社

《扬州画舫录》·冶春诗社

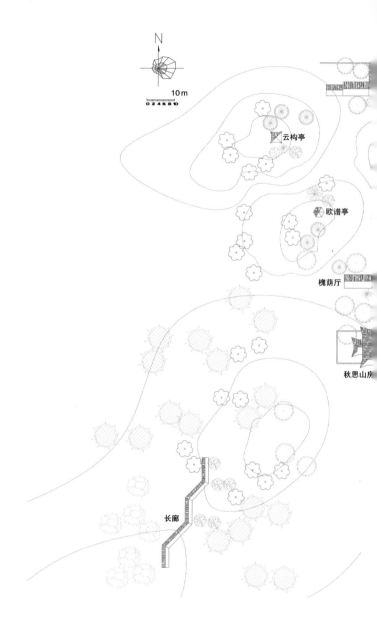

N

10 m
0 2 4 6 8 10

云构亭

欧谱亭

槐荫厅

秋思山房

长廊

冶春诗社 复原图

112

松树

梧桐

柳树

柏树

桂花

槐树

槐树

桃花

梅花

石榴

枫树

翠竹

第 11 章　长堤春柳

■景观概要

长堤春柳，为候补同知黄为蒲所筑别业。乾隆四十年，转归候选知府吴尊德重修，原起于虹桥，逶迤至蜀冈西峰司徒庙上山路止，此为沿堤五景之一。咸丰同治间渐废。民国四年，乡绅杨丙炎补筑虹桥西岸至徐园一段，不久因水淹又荒。新中国成立后多次整修，补植桃柳，旧观遂复。

■文献辑录

《平山堂图志》·卷二

黄为蒲别业。西接虹桥，为跨虹阁。阁后北折，东向为屋，连楹十有四。屋尽处，穿竹径逶北，是为长堤，沿堤高柳绵亘百余步，为浓阴草堂。堂左，由长廊至浮春槛，廊外遍植桃花，与绿阴相间。槛左兀起，为晓烟亭，亭左为曙光楼。楼左，由曲廊穿小屋，行丛筱中，曲折以至于韩园。

《扬州画舫录》·卷十一

虹桥爪为长堤之始，逶迤至司徒庙上山路而止。"长堤春柳"、"桃花坞"、"春台祝寿"、"筱园花瑞"、"蜀冈朝旭"五景，皆在堤上。城外声技饮食集于是，土风游冶，有不可没者，先备记之。

《扬州名胜录》·卷三

"长堤春柳"在虹桥西岸，为吴氏别墅，大门与冶春诗社相对。……韩园在长堤上，民国初韩醉白别墅。……桃花坞在长堤上。堤上多桃树，郑氏于桃花丛中构园，门在河曲处，与关帝庙大门相对。……桃花坞与韩园比邻，竹篱为界，篱下开门。

《江南园林胜景》（清代）收录自《扬州园林甲天下》扬州博物馆馆藏画本集萃

录文：长堤春柳 由虹桥而北，沿岸皆高柳，拂天跐地，凝望如织。候选同知黄为蒲沿堤东向为园。乾隆四十四年（1779），候选知府吴尊德重修。西接虹桥为"跨虹楼"，迤北有"浓阴草堂"、"浮春槛"、"晓烟亭"、"曙光楼"。四十八年（1783）再修。

注：长堤春柳，扬州北郊二十四景之一。旧址自广陵城北沿瘦西湖至平山堂下。民国四年（1915）复建，起自虹桥西，止于徐园。即今瘦西湖公园南大门至徐园一段。

《广陵名胜全图》

长堤春柳（一景），由虹桥而北，（其地）沙岸如绳。遥看拂天高柳，列若排衙。弱絮飞时，娇莺恰恰，尤足供人清听。按，旧称（由）广陵城北，至平山堂（下），有十里荷香之胜，景物不减（杭州）西泠。后以河道葑淤，游人颇少。比年商人竞治园囿，疏涤水泉，增置景物其间。（因是）茶寮酒肆，红阁青帘，（以致）脆管繁弦，行云流水。于是佳辰良夜，简舆果马，帘舫灯船，复见游观之盛（矣）！

《扬州览胜录》·卷一

"长堤春柳"为北郊二十四景之一。清初鹾商黄为蒲筑。长堤始于虹桥西岸桥爪下，逶迤至司徒庙上山路而止。沿堤有景五，一曰"长堤春柳"，二曰桃花坞，三曰"春台祝寿"，四曰"篠苑花瑞",五曰"蜀冈朝旭"。城外声技饮食,均集于是。《扬州画舫录》记载甚详。清嘉道以后,渐渐荒废;至咸同间,堤柳不复存矣。民国四年,邑人建湖上徐园,补筑"长堤春柳"一段,以复旧观。仍起始于虹桥西岸桥爪下,至徐园止,长约一里,宽约一丈。沿堤遍种杨柳,间以桃花。堤之中心建小亭一,额曰"长堤春柳",仪征陈观察重庆书。联云:"飞絮一溪烟,凤睸南巡他日梦;新亭千古意,蝉嫣西蜀子云居。"亦观察书并撰句。每岁二三月间,堤上之宝马香车与湖中之大小画舫,往来于桃花杨柳荫中,如入天然图画,真湖山佳处也。惜于民国十年,湖水大涨,桃花淹没殆尽,至今尚未补栽。近年于虹桥东岸建筑熊园,沿堤亦遍种杨柳,淡青浓绿,掩映于两堤波光荡漾之间。游人到此,唱"杨柳岸晓风残月"之句,亦颇饶清兴也。

■古图集萃

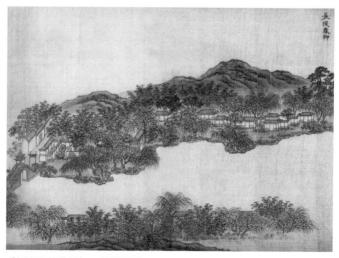

《江南园林胜景》·长堤春柳

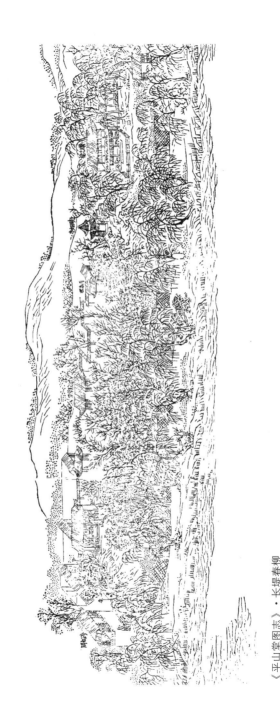

《平山堂图志》·长堤春柳

第 **11** 章　长堤春柳

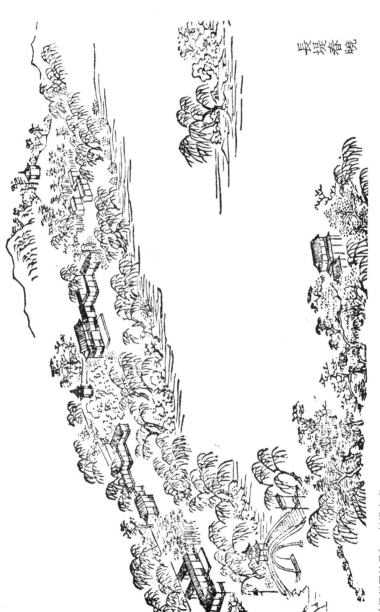

长堤春晓

《扬州画舫录》·长堤春晓

118

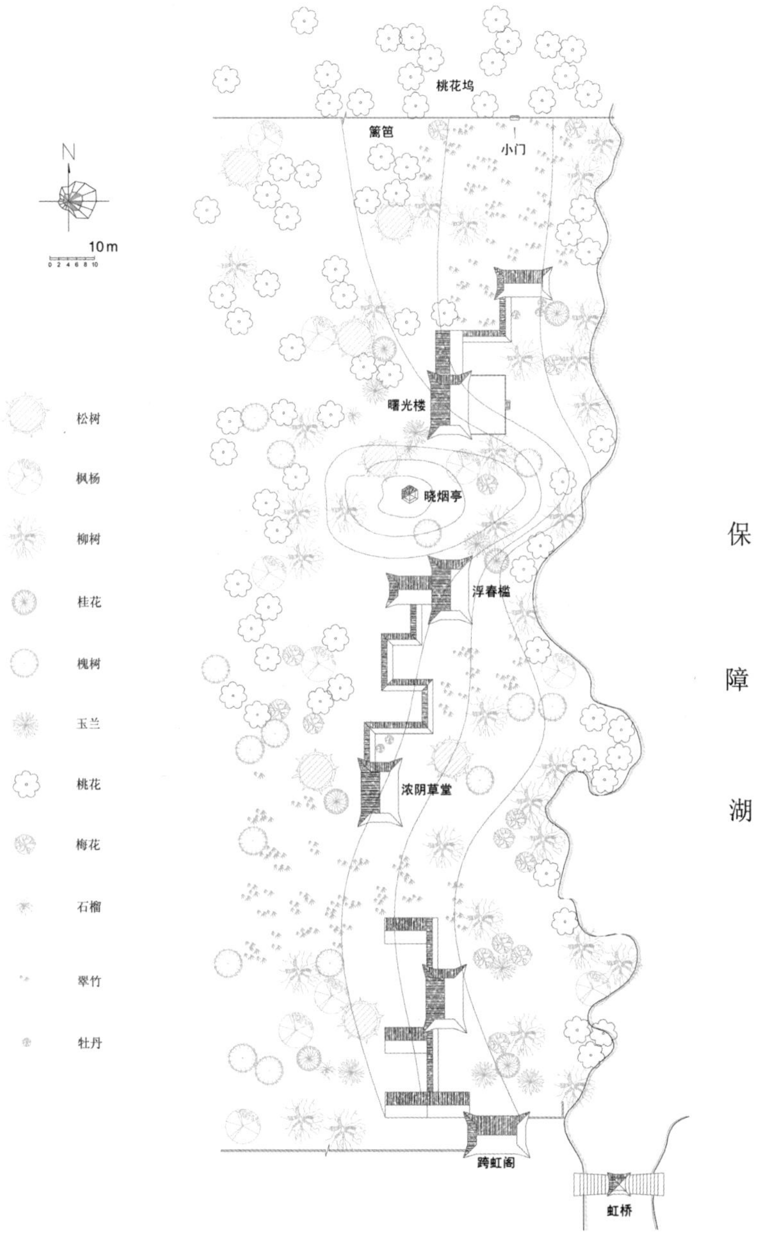

保障湖

松树

枫杨

柳树

桂花

槐树

玉兰

桃花

梅花

石榴

翠竹

牡丹

桃花坞

箫笛

小门

曙光楼

晓烟亭

浮春槛

浓阴草堂

跨虹阁

虹桥

N

10 m
0 2 4 6 8 10

长堤春柳 复原图

长堤春柳

瑞坤画于可园

长堤春柳 手绘图

第 **11** 章 长堤春柳

第 12 章　桃花坞

■景观概要

桃花坞，位于瘦西湖长堤最北端，北与小金山隔水相对，南邻韩园，西达法海桥，是一座以桃花为主要景观特色的私家园林，李斗曾称赞扬州北郊"红桃花以西岸桃花坞最胜"。该园建于清代，乾隆年间先后为副使道前嘉兴通判黄为荃、仪征盐商郑钟山所得。园中主要建筑有疏峰馆、澄鲜阁、蒸霞堂、红阁等，植被以桃、竹、荷、松柏为主。

■文献辑录

《平山堂图志》·卷二

桃花坞，副使道前嘉兴通判黄为荃别业，临河架屋，屋右为曲廊。缘荷池而，池中为澄鲜阁，阁右由深竹径西折，为疏峰馆。馆左由山径行桃花修竹中，径尽处为蒸霞堂，堂后为阁，阁左山上为纵目亭，亭下隔墙水中为中川亭。

长春岭，在保障河中央，由蜀冈中峰出，脉突起为此山，主事程志铨加陪护焉。山形数折，蜿蜒如蟠螭。山上下遍植松柏榆柳与诸卉竹，纷红骇绿，目不给赏。山麓面东为亭，曰"梅岭春深"，梅花最盛处也。山南建关神勇祠，居民水旱祷焉。祠前迤东，剖竹为桥，曰玉版桥，以通南岸。

《扬州画舫录》·卷十三

桃花坞在长堤上，堤上多桃树。郑氏于桃花丛中构园，门在河曲处，与关帝庙大门相对。园门开八角式，石刻桃花坞三字额其上，为朱思堂运使所书。内构厅事，额曰疏峰馆，集韦莊联云："千重碧树笼青苑。一桁青山倒碧峰。"

桃花坞与韩园比邻，竹篱为界。篱下开门，门中方塘种荷，四旁幽竹蒙翳。构響廊，庋版架水上，额曰澄鲜阁。联云："隔沼连香芰（杜甫），中流泛羽觞（陈希烈）。"自是由水中宛转桥接于疏峰馆之东。

疏峰馆之西，山势蜿蜒，列峰如云，幽泉漱玉，下逼寒潭。山半桃花，春时红白相间，映于水面。花中构蒸霞堂。联云："桃花飞绿水（李白），野竹上青霄（杜甫）。"复构红阁十余楹于半山，一面向北，一面向西，上构八角层屋，额曰纵目亭，联云："地胜林亭好（孙逖），月圆松竹深（无可）。"至此，则长春岭、莲性寺、红亭、白塔皆在目前。

中川亭树多松柏，构亭八翼，四面皆靠山脊，中耸重屋。联云："小松含瑞露（郑谷），好鸟鸣高枝（曹植）。"

由蒸霞堂阁道，过岭入后山，四围矮垣，蜿蜒逶迤，达于法海桥南。路曲处藏小门，门内碧桃数十株，琢石为径，人佝偻行花下，须发皆香。有草堂三间，左数椽为茶屋，屋后多落叶松，地幽僻，人不多至。后改为酒肆，名曰挹爽，而游人乃得揽其胜矣。

《扬州名胜录》·卷三

桃花坞在长堤上。堤上多桃树，郑氏于桃花丛中构园，门在河曲处，与关帝庙大门相对。园门开八角式，石刻"桃花坞"三字额其上，为朱思堂运使所书。内构厅事，额曰"疏峰馆"。

桃花坞与韩园比邻，竹篱为界，篱下开门。门中方塘种荷，四旁幽竹蒙翳，构响廊，庋版架水上，额曰"澄鲜阁"。自是由水中宛转桥接于疏峰馆之东。

疏峰馆之西，山势蜿蜒，列峰如云，幽泉漱玉，下逼寒潭。山半桃花，春时红白相间，映于水面。花中构蒸霞堂，复构红阁十余楹于半山，一面向北，一面向西，上构八角层屋，额曰"纵目亭"。至此，则长春岭、莲性寺、红亭、白塔，皆在目前。

中川亭树多松柏，构亭八翼，四面皆靠山脊，中耸重屋。

由蒸霞堂阁道过岭入后山，四围矮垣，蜿蜒逶迤，达于法海桥南。路曲处藏小门，门内碧桃数十株。琢石为径，人佝偻行花下，鬓发皆香。有草堂三间，左树橡为茶屋，屋后多落叶松，地幽僻，人不多至。后改为酒肆，名曰"挹爽"，而游人乃得揽其胜矣。

《江南园林胜景》（清代）收录自《扬州园林甲天下》扬州博物馆馆藏画本集萃

录文：桃花坞 道衔前嘉兴通判黄为荃建，候选州同郑之汇重修。旧有"蒸霞堂"、"澄鲜阁"、"纵目亭"、"中川亭"诸胜。今增置长廊曲槛，间以水陆诸花，望如错绣。复为高楼，山半东向，以收远景。

注：桃花坞旧址在今瘦西湖公园徐园一带。

《广陵名胜全图》

桃花坞，旧有蒸霞堂、澄鲜阁、纵目亭、中川亭诸胜。今增置长廊曲槛，间以水陆诸花，望如错绣。复为高楼，山半东向，以收远景。

■古图集萃

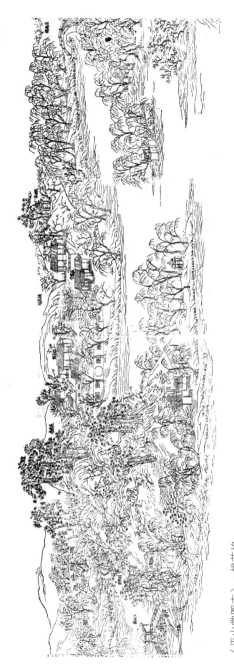

《平山堂图志》·桃花坞

第 **12** 章 桃花坞

125

第**12**章　桃花坞

桃花坞

瑞坤作于可园

桃花坞 手绘图

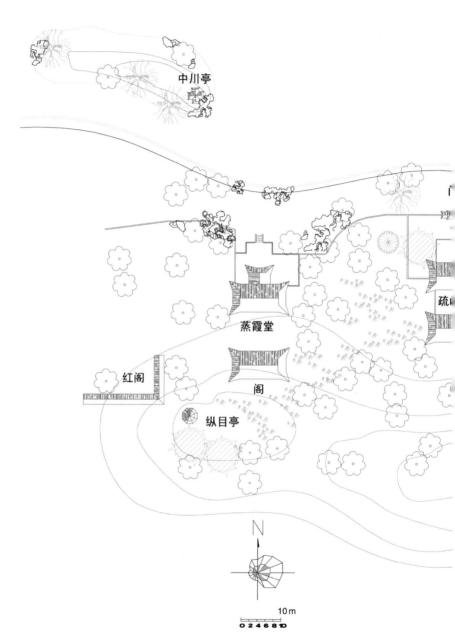

中川亭

蒸霞堂

红阁

阁

纵目亭

疏

N

10 m
0 2 4 6 8 10

桃花坞 复原图

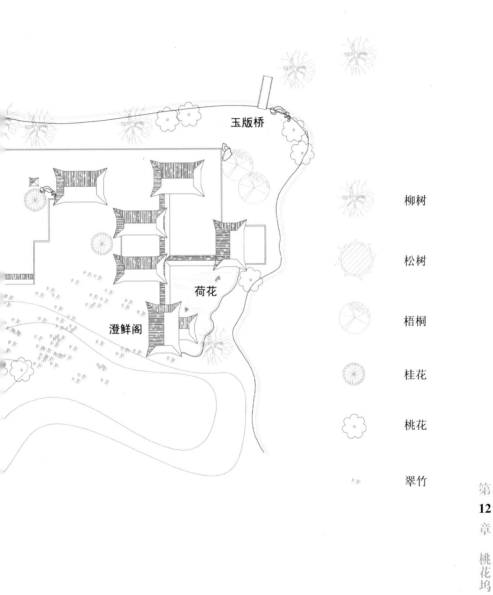

玉版桥

荷花

澄鲜阁

柳树

松树

梧桐

桂花

桃花

翠竹

131

第 13 章　冶春后社

■景观概要

冶春后社，位于桃花坞徐园内，有精舍三楹，后加一抱厦，始建于民国四年（1915）。社前有古松数棵，老梅十余本，桃李数株，四围幽静雅致，于方寸之间，彰显别致而细腻的园林景观特色。是"冶春后社"成员的集会之地，为延续清代的湖上文会雅集活动提供了场所。

■文献辑录

《扬州览胜录》·卷一

民国四年（1915），湖上建徐园，扬州冶春后社诗人请于园主，建冶春后社于园内，精室三间，极为幽敞，题曰"冶春后社"，江都吉孝廉亮工书。联云："社名仍号冶春，何必改作；来者都为游夏，可与言诗。"亦吉孝廉撰句并书。款署"凤凤"二字草书，颇奇。内供王文简公栗主，悬文简遗像，春秋祀之。按：冶春后社起于清光绪季年，主持风雅者为江都臧太史宜孙毅，号雪溪。太史自入词垣，不乐仕进，闭门谢客，以诗自娱。家居县城府东街，筑有桥西花墅，觞咏之会多集其中。太史归道山后，风雅歇绝者十余年。自冶春后社建于徐园，邗上诸诗人遂以此为文酒聚会之所。民国十年，康南海先生来游湖上，小住此间，见吉孝廉所书联额，至为称赏，赋七言律诗一首，手书横幅，付僧人收藏。

《芜城怀旧录》·卷一

冶春后社创始于有清光宣之际，同社推臧宜孙太史执牛耳。每值花晨月夕，醵金为文酒之会，相与尖叉斗韵，刻烛成诗以为乐。例先拈题十四字，各撰七联，谓之"七唱"。酒阑余兴，又或另拈两题，分咏一联；或公拟数字，嵌入两句，统云"诗钟"。汇成后倩人誊写，当场公同互选，次第甲乙，则以当选最多数为冠军。间亦专请作家评定之，一时传为韵事。民初最盛，厥后觞咏渐稀；但人才踵起，钩心斗角，亦复蔚然可观。继续至今，有四十余年之历史，积稿甚夥，重经选定，屡拟印行未果。迨丁丑战事起，地经兵燹，不知选稿遗落何所，深为惋惜。然当时传诵之作，至今犹脍炙人口。同社约百余人，其中大半物化，存者十之四五。晨星零落，风雅浸衰，盖不胜今昔之感云。

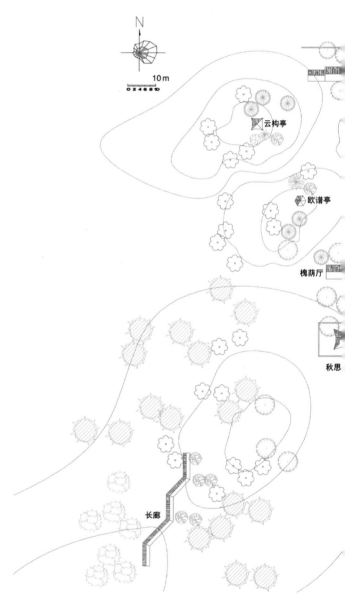

N

10 m

0 2 4 6 8 10

云构亭

欧谱亭

槐荫厅

秋思

长廊

冶春诗社 复原图

松树

梧桐

柳树

柏树

桂花

槐树

槐树

桃花

梅花

石榴

枫树

翠竹

第 14 章　趣园

■景观概要

趣园，又名黄园，为奉宸苑卿、盐商黄履暹私家园林，乾隆二十七年（1762），临幸其间，赐名"趣园"。位于净香园以北，长春桥西、南两侧。园内有清二十四景之四桥烟雨、水云胜概。四桥烟雨主要建筑有锦镜阁、御碑亭、涟漪阁、四照轩、丛桂亭等，园中植被丰富，有桂、荷、竹、菊、松、柳等。水云胜概主要建筑有吹香草堂、春水廊、歌台、胜概楼、小南屏等，植被以竹、梅、玉兰为主。

■文献辑录

《平山堂图志》·卷二

奉宸苑卿黄履暹别业。乾隆二十七年，我皇上临幸，赐今名，又赐"目属高低石，步延曲折廊"、"萦回水抱中和气，平远山如蕴籍人"二联。三十年，又赐"何曾日涉原成趣，恰值云开下觉欣"一联。（是）园分（为）二景，（一）曰"四桥烟雨"，二曰"水云胜概"。四桥烟雨（一景），在长春桥东。四桥者，右（为）长春桥，左（即）春波桥，其前则莲花、玉版二桥也。（有）园门西向，与长春岭对。入门右折，由长廊以东（折），又北行（于）深竹中。折而西，有大楼临水。南向水中，荷叶田田，一望无际。其右与长春桥接。门左穿竹廊而南，又东为面水层轩。轩后为歌台，轩以西为堂。堂内西向，供御书"趣园"额。堂之为间者五（楹）堂后复为堂，为间者七。高明宏敞，据一园之胜。其右为曲室，盘旋往复，应接不暇。其左为曲廊，为厅为阁。阁前叠石为坪，种牡丹、绣球最盛。阁左由长廊而北，面西（者）为"涟漪阁"，又北为"金粟庵"。庵北向，与阁对。（是）庵以内，南向为小亭。亭右为"四照轩"，轩前后，皆小山（也）。山上有亭，曰"丛桂亭"。轩右为长廊，西折为厅，厅后与"香海慈云"接。厅左为楼，楼左为"锦镜阁"。阁跨水架楹，其下可通舟楫。阁上绮疏洞达，缀山丹碧，望之如蜃楼。阁西接水中高阜，阜上建御碑亭，内供御书石刻。阜至南而北，遍植梅花、桃柳，叠湖石为假山，重复掩映，不令人一览而尽也。

水云胜概一景，在长春桥西。（园）门东向，其右为长春岭。门内左右修竹。其西为"吹香草堂"，堂后临河。南向为"随善庵"，庵内为楼，供大士像。庵右由曲廊以西，为"春水廊"。廊后为歌台，台前种玉兰。花时明艳如雪。（自）廊右北折，西向为竹厅。厅右由长廊数折，南向为"胜概楼"。楼右缘小山，行（于）梅花（之）下。以西（即）为"小南屏"，右与莲花桥接。

《南巡盛典》·卷九十七

乾隆二十七年，皇上御题额也，旧称"四桥烟雨"。四桥者，南为春波，北为长春，西为玉版，又西则曰莲花。春水方生，千顷一碧，而层轩洞豁，曲槛透迤，高下掩映，每当暝烟幕尘，小雨廉织，环望四桥，如彩虹蜿蜒出没波间，极水云飘渺之趣。

《清代园林图录》

趣园黄履暹别业，园分二景：曰四桥烟雨、水云胜概。四桥烟雨在长春桥东。四桥者：右长春桥、左春波桥，其前则莲花、玉版二桥也。园门西向与长春岭对，入门右折，由长廊以东，又北行深竹中，折而西，有大楼临水南向，水中荷叶田田，一望无际，其右与长春桥接。门左穿竹廊而南，又东为面水层轩，轩后为歌台。轩以西为堂西向，内供趣园额。堂之为间者五，堂后复为堂，为间七。高明宏敞，据一园之胜。其右为曲室，盘旋往复，应接不暇。其左为曲廊、为厅、为阁。阁前叠石为坪，种牡丹、绣球最盛。阁左由长廊以北，面西为涟漪阁。又北为金粟庵，庵北向与阁对。庵以内，南向为小亭，亭右为四照轩。轩前后皆小山，山上有亭曰丛桂亭。轩右为长廊，西折为厅，厅后与香海慈云接。厅左为楼，楼左为锦镜阁。阁跨水架楹，其下可通角棍。阁上绮疏洞达，缀以丹碧，望之如蜃楼。阁西接水中高阜，阜上建御碑亭。阜自南而北，遍植梅花桃柳，垒湖石为假山，重复掩映，不令人一览而尽也。

《扬州画舫录》·卷十二

"四桥烟雨"，一名黄园，黄氏别墅也。上赐名"趣园"，御制诗云："多有名园绿水滨，清游不事羽林纷。何曾日涉原成趣，恰值云开亦觉欣。得句便前无系恋，遇花且止足芳芬。问予喜处诚奚托？宜雨宜晹利种耘。"黄氏兄弟好构名园，尝以千金购得秘书一卷，为造制宫室之法，故每一造作，虽淹博之才，亦不能考其所从出。是园接江园环翠楼，入锦镜阁，飞檐重屋，架夹河中。阁西为"竹间水际"下，阁东为"回环林翠"，其中有小山逶迤，筑丛桂亭；下为四照轩，上为金粟庵。入涟漪阁，循小廊出为澄碧堂。左筑高楼，下开曲室，暗通光霁堂。堂右为面水层轩，轩后为歌台。轩旁筑曲室，为云锦淙，出为河边方塘，上赐名"半亩塘"，由竹中通楼下大门。

"四桥烟雨"，园之总名也。四桥，虹桥、长春桥、春波桥、莲花桥也。虹桥、长春、春波三桥，皆如常制。莲花桥上建五亭，下支四翼，每翼三门，合正门为十五门。《图志》谓四桥中有玉版，无虹桥。今按玉版乃长春岭旁小桥，不在四桥之内。

锦镜阁三间，跨园中夹河。三间之中一间置床四，其左一间置床三，又以左一间之下间置床三。楼梯即在左下一间下边床侧，由床入梯上阁，右亦如之。惟中一间通水，其制仿《工程则例》暖阁做法，其妙在中一间通水也。集韩联云："可居兼可过，非铸复非镕。"

阁之东岸上有圆门，颜曰"回环林翠"。中有小屋三楹，为园丁侯氏所居。屋外松楸苍郁，秋菊成畦，畦外种葵，编为疏篱。篱外一方野水，名侯家塘。

阁之西一间，开靠山门，联云："扁舟荡云锦，流水入楼台。"阁门外屿上构黄屋三楹，供奉御赐扁"趣园"石刻及"何曾日涉原成趣，恰直云开亦觉欣"一联。亭旁竹木蒙翳，怪石蹲踞。接水之末，增土为岭，岭腹构小屋三椽，颜曰"竹间水际"。联云："树影悠悠花悄悄（曹唐），晴云漠漠柳毵毵（韦庄）。"

阁之东一间开靠山门，与西一间相对。门内种桂树，构工字厅，名"四照轩"。联云："九霄香透金茎露（于武林），八月凉生玉宇秋（曹唐）。"轩前有丛桂亭，后嵌黄石壁。右由曲廊入方屋，额曰"金粟庵"，为朱老匏书。是地桂花极盛，花时园丁结花市，每夜地上落子盈尺，以彩线穿成，谓之桂球；以子熬膏，味尖气恶，谓之桂油；夏初取蜂蜜，不露风雨。合煎十二时，火候细熟，食之清馥甘美，谓之桂膏；贮酒瓶中，待饭熟时稍蒸之，即神仙酒造法，谓之桂酒；夜深人定，溪水初沉，子落如茵，浮于水面，以竹筒吸取池底水，贮土缶中，谓之桂水。

涟漪阁在金粟庵北，联云："紫阁丹楼纷照耀（王勃），修篁灌木势交加（方干）。"阁外石路渐低，小栏款敦，绝无梯级之苦，此栏名"桃花浪"，亦名"浪里梅"。面路皆冰裂纹。堤岸上古树森如人立，树间构廊，春时沉钱谢絮，尘积茵覆，不事箕帚，随风而去。由是入面水层轩，轩居湖南，地与阶平，阶与水平。联云："春烟生古石（张说），疏柳映新塘（储光羲）。"水局清旷，阔人襟怀。归舟争渡，小憩故溪，红灯照人，青衣行酒，琵琶碎雨，杂于橹声，连情发藻，促膝飞觞，亦湖中大聚会处也。

涟漪阁之北，厅事二，一曰"澄碧"，一曰"光霁"。平地用阁楼之制，由阁尾下靠山房一直十六间，左右皆用窗棂，下用文砖亚次。阁尾三级，下第一层三间，中设疏寮隔间，由两边门出；第二层三间，中设方门出；第三层五间，为澄碧堂。盖西洋人好碧，广州十三行有碧堂，其制皆以连房广厦，蔽日透月为工，是堂效其制，故名"澄碧"。联云："湖光似镜云霞热（黄滔），松气如秋枕簟凉（何上元）。"由澄碧出，第四层五间，为光霁堂。堂面西，堂下为水马头，与"梅岭春深"之水马头相对。联云："千重碧树锁青苑（韦庄），四面朱楼卷画帘（杜牧）。"是地有一木榻，雕梅花，刻赵宦光"流云"二字，董其昌、陈继儒题语。御制《木榻诗》云："偶涉亦成趣，居然水竹乡。因之道彭泽，从此擅维扬。目属高低石，步延曲折廊。流云凭木榻，喜早晤宦光。"

光霁堂后，曲折逶迤，方池数丈，廊舍或仄或宽，或整或散，或斜或直，或断或连，诡制奇丽。树石皆数百年物，池中苔衣，厚至二三尺，牡丹本大如桐，额曰"云锦淙"。联云："云气生虚壁（杜甫），荷香入水亭（周瑀）。"

过云锦淙，壁立千仞，廊舍断绝，有角门可侧身入，潜通小圃。圃中多碧梧高柳，小屋三四楹。又西小室侧转，一室置两屏风，屏上嵌塔石。塔石者，石上有纹如塔，以手摸之，平如镜面。从屏风后，出河边方塘，小亭供奉御匾"半亩塘"石刻，及"目属高低石，亭延曲折廊"一联；"妙理静机都远俗，诗情画趣总怡神"一联；"潆水和抱中和气，平远山如蕴藉人"一联。石刻"有凌云意"四字，临苏轼书一卷。

"水云胜概"在长春桥西岸，亦名黄园。黄园自锦镜阁起，至小南屏止，中界长春桥，遂分二段，桥东为"四桥烟雨"，桥西为"水云胜概"。"水云胜概"园门在桥西，门内为吹香草堂，堂后为随喜庵。庵左临水，结屋三楹，为"坐观垂钓"，接水屋十楹，为春水廊。廊角沿土阜，从竹间至胜概楼，林亭至此，渡口初分，为小南屏。旁筑云山韶濩之台，黄园于是始竟。

吹香草堂联云："层轩静华月（储光羲），修竹引薰风（韦安石）。"南入随喜庵，供白衣观音像，为"普陀胜境"。

"坐观垂钓"三楹，与春水廊接山。春水廊中用枸木，无梁无脊；"坐观垂钓"则用歇山做法，以此别于廊制也。联云："秋花冒绿水（李白），杂树映朱栏（王维）。"

春水廊，水局极宽处也。北郊诸水合于长春岭，西来则九曲池、炮山河、甘泉、金柜诸山水，出莲花、法海二桥；北来则保障湖，出长春桥；南来则砚池、花山涧，出虹桥，皆汇于是。波光滑笏，有一碧千顷之势。临水岸，构矮屋名"春水廊"，众流汇合，皆如褰裳昵就于廊中者。联云："夹路浓华千树发（赵彦昭），一渠流水两家分（项斯）。"

胜概楼在莲花桥西偏，联云："怪石尽含千古秀（罗邺），春光欲上万年枝（钱起）。"楼前面湖空阔，楼后苦竹参天，沿堤丰草匝地，对岸树木如昏壁画。登楼四望，天水无际，五桥峙中，诸桥罗列，景物之胜，俱在目前。此楼仿瓜洲胜概楼制。瓜洲胜概楼创自明正统间，王尚书英曾为记。

莲花桥北岸有水钥，康熙间为土人火氏所居。林亭极幽，比之净慈寺，山路称为小南屏。厉樊榭与闵廉夫、江宾谷、楼于湘诸人游序谓："小泊虹桥，延缘至法海寺，极芦湾尽处而止。"即此地也。后鬻于园中，构方亭，即以小南屏旧名额之。联云："林外钟声来知寺（李中），柳边人歇待船归（温庭筠）。"

《扬州名胜录》·卷三

"四桥烟雨"一名黄园，黄氏别墅也。上赐名"趣园"，御制诗。黄氏兄弟好构名园，尝以千金购得秘书一卷，为造制宫室之法。故每一造作，虽淹博之才，亦不能考其所从出。是园接江园环翠楼，入锦镜阁，飞檐重屋，架夹河中。阁西为"竹间水际"下阁东为"回环林翠"，其中有小山逶迤，筑丛桂亭。下为四照轩，上为金粟庵。入涟漪阁，循小廊出为澄碧堂。左筑高楼，下开曲室，暗通光雾堂。堂右为面水层轩，轩后为歌台。轩旁筑曲室为云锦淙，出为河边方塘，上赐名"半亩塘"，由竹中通楼下大门。

"四桥烟雨"，园之总名也。四桥，虹桥、长春桥、春波桥、莲花桥也。虹桥、长春、春波三桥，皆如常制；莲花桥上建五亭，下支四翼，每翼三门，合正门为十五门。《图志》谓四桥中有玉版，无虹桥；今按玉版乃长春岭旁小桥，不在四桥之内。

"水云胜概"在长春桥西岸，亦名黄园。黄园自锦镜阁起，至小南屏止，中界长春桥，遂分二段：桥东为"四桥烟雨"，桥西为"水云胜概"。"水云胜概"园门在桥西，门内为吹香草堂，堂后为随喜庵。庵左临水，结屋三楹，为"坐观垂钓"；接水屋十楹，为春水廊；廊角沿土阜从竹间至胜概楼。林亭至此，渡口初分，为小南屏。旁筑云山韶濩之台，黄园于是始竟。

《江南园林胜景》（清代）收录自《扬州园林甲天下》扬州博物馆馆藏画本集萃

录文：趣园 奉宸苑卿衔黄履暹别业，今候选道张霞重修。虹桥、春波桥在其南，长春桥在其北，莲花桥在其西，是为"四桥烟雨"。有"涟漪阁"、"金粟菴"、"锦镜阁"诸胜。皇上赐今名，御书匾额，并"潆洄水抱中和气，平远山如蕴藉人"一联。又"目属高低石，步延曲折廊"一联。乾隆三十年（1765），蒙赐御书"河曾日涉原成趣，恰值云开亦觉欣"一联。又赐御临苏轼《题赞卷》一轴。乾隆四十五年（1780），御制五言律诗一首，又蒙赐御临米芾《西园雅集图记》一卷。

注：趣园旧址在今扬州迎宾馆西，即今"四桥烟雨楼"东南一带。旧时园门西向，隔河与长春岭对。

《扬州览胜录》·卷一

"四桥烟雨"，清乾隆间，其景属黄园，黄园为奉宸苑卿黄履暹之别业，高宗临幸，赐名"趣园"二字。故址在虹桥东岸之北，南接江氏净香园，北至长春桥，旧为北郊二十四景之一。所谓四桥者，虹桥、长春桥、春波桥、莲花桥也。一说四桥为长春桥、春波桥、莲花桥、玉版桥，无虹桥在内。盖以在园中便可览四桥之胜也。虹桥、长春桥、莲花桥今存，春波桥、玉版桥俱毁。今若以法海桥补入虹桥、长春桥、莲花桥内，则四桥烟雨之景不减当年。游人如乘画舫泛雨湖，则此为景最胜。

"水云胜概"故址在长春桥西岸，其景亦属黄园，为北郊二十四景之一。黄园自锦镜阁起至小南屏止。中界长春桥，遂分一段。桥东为"西桥烟雨"，桥西为"水云胜概"，"水云胜概"园门在桥西东向，内有吹香草堂、随喜庵、坐观垂钓、春水廊、胜概楼、小南屏、云山、韶濩之台诸胜。

■古图集萃

《扬州画舫录》·四桥烟雨

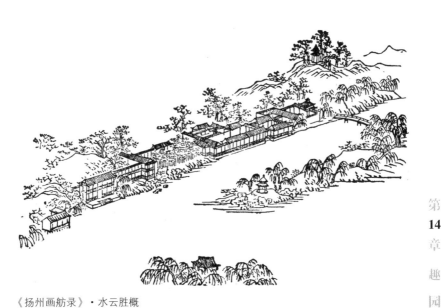

《扬州画舫录》·水云胜概

《平山堂图志》·四桥烟雨

《平山堂图志》·水云胜概

146

《南巡盛典》·趣园

《清代园林图录》·趣园

《清代园林图录》·趣园

《清代园林图录》·趣园

《江南园林胜景》·御题趣园

《江南园林胜景》·水云胜概

四桥烟雨 复原图

四桥烟雨

瑞坤画于可园

四桥烟雨 手绘图

水云胜概
瑞坤画于可园

水云胜概 手绘图

第 15 章　梅岭春深

■景观概要

梅岭春深位于桃花坞以北，民间俗称小金山。是扬州北郊"二十四景"之一。清代乾隆二十二年（1757）前后由盐商程志铨集资，挖湖堆土而成，岭上遍植松柏榆柳，以梅树最为著名，故称。景观包括湖、岛、屿、桥、古建筑等，是一组依山临水的古园林建筑群。其四面环水，山和园林都在湖心的小岛上，是瘦西湖地势最高的景观。主要建筑有关帝庙、湖上草堂、观音殿、小南海、棋室、月观、风亭、吹台等。

■文献辑录

《平山堂图志》·卷二

长春岭，在保障河中央，由蜀冈中峰出脉，突起为此山，主事程志铨加培护焉。山行数折，蜿蜒如蟠螭。山上下遍植松柏、榆柳与诸卉竹。纷红骇绿，目不给赏。山麓而东为亭，曰"梅岭春深"，梅花最盛处也。山南建"关神勇祠"，居民水旱祷焉。祠前迤东剖竹为桥，曰"玉版桥"，以通南岸。

《扬州画舫录》·卷十三

"梅岭春深"即长春岭，在保障湖中，由蜀冈中峰出脉者也。丁丑间，程氏加葺虚土，竖木三匝，上建关帝庙。庙前叠石马头，左建玉板桥，右构岭上草堂。堂后开路上岭。中建观音殿。岭上多梅树，上构六方亭。岭西复构小屋三楹，名曰"钓渚"。程氏名志铨，字元恒，午桥之兄。筑是岭三年不成，费工二十万，夜梦关帝示以度地之法，旬日而竣。后归余氏。余熙字次修，工诗善书，岭西垣门"梅岭春深"石额，其自书也。山僧平川，淮安人，性朴实，居此三十年。熙弟照，字冠五，亦工于诗。

岭在水中，架木为玉板桥，上构方亭，柱栏檐瓦，皆裹以竹，故又名竹桥。湖北人善制竹，弃青用黄，谓之反黄，与剔红、珐琅诸品，同其华丽。郡中善反黄者，惟三贤祠僧竹堂一人而已。是桥则用反黄法为之。

关帝庙殿宇三楹，昔名关神勇庙，居民水旱皆祷于是。庙右由宛转廊入岭上草堂，堂在岭东，负山面西，全湖在望。联云："碧落青山飘古韵（杜牧），绿波春浪满前陂（韦庄）"。

堂东构舫屋五楹，筑堤十余丈，北对春水廊，南在湖中。大竹篱内，上种杉桐榆柳，下栽芙蓉。堤尽构方亭，为游人观荷之地。莲市散后，败叶盈船，皆城内富贾大肆春时预定者。花瓣经冬，风干治冻疮最效。

岭西一亭依麓，额曰"钓渚"。联云："浩歌向兰渚（徐彦伯），把钓在秋风（杜甫）。"亭下有水马头，碧藓时滋，地衣尽涩，悄无人迹，水容鲜妍。

西麓石骨露土，苔藓涩滞，游屐蹂躏，印窠齿齿。中有山峒，峒口垒石甃砖为门，涂紫泥墙，额石其上，题曰"梅岭春深"。由是入山，路窄如线，在梅花中蜿蜒而上，枝枝碍人。其下大石当路，色逾铜绣，仰视岭上，路直而滑，不可着足。穿岩横穴，遍地皆梅，对面隔树，不通话语。中一亭如翼，南望瓜口，微微辨缕，狐兔避客，鹰隼盘空。又转又折，鸟声更碎，野竹深箐，山绝路隔，忽得小径，攀条下阁道，过观音殿，始登平台。由台阶数十级下平路，宽可五尺，数步至岭上草堂。是岭本以"梅岭春深"门为上山正路，迨增建观音殿，乃以岭上草堂为山前路，梅岭春深门为山后路。至观音殿下，由过山楼入僧房六七楹，杂树蒙密，周以箐竹，开小竹门，是为僧厨，游者罕经焉。

《扬州名胜录》·卷三

"梅岭春深"即长春岭，在保障湖中，由蜀冈中峰出脉者也。丁丑间，程氏加葺虚土，竖木三匝，上建关帝庙。庙前叠石码头，左建玉板桥，右构岭上草堂。堂后开路上岭。中建观音殿。岭上多梅树，上构六方亭。岭西复构小屋三楹，名曰"钓渚"。

《江南园林胜景》（清代）收录自《扬州园林甲天下》扬州博物馆馆藏画本集萃

录文：梅岭春深 即长春岭。保障河自北而来，与迎恩河会。二水涟漪，延绕山麓。候补主事程志铨植梅岭上，高下各为亭馆。候选大理寺寺丞余熙辟而广之。为堂，为曲槛，为水亭，益增其胜。

注：梅岭春深旧址即今瘦西湖公园内"小金山"所在地。

《广陵名胜全图》

梅岭春深，即长春岭。保障河（水）自北而来，（于此）与迎恩河会。二水涟漪，回绕山麓。候补主事程志铨植梅岭上，高下各为亭馆。今候选大理寺丞余熙，辟而广之，为室，为曲槛，为水亭，益增其胜。

《扬州览胜录》·卷一

长春岭俗称小金山，在瘦西湖中，四面环水。岭下题其景曰"梅岭春深"，旧为北郊二十四景之一。山脉由蜀冈中峰而出。清乾隆间程志铨加葺，筑是岭三年不成，费至二十万；夜梦关帝，示以度地之法，旬日而竣。旧有关帝庙、玉板桥、岭上草堂、观音殿、六方亭、钓渚诸名胜。后归余氏。……

《甘泉县续志》

长春岭即梅岭春深，为扬州二十四景之一，俗称小金山。有湖上草堂、风亭、月观诸胜。春秋佳日游人甚众。（访稿）

《望江南百调》

扬州好，入画小金山。亭榭高低风月胜，柳桃错杂水波环，此地即仙寰。

《瑶华慢》

小金山，梅花欲残，香雪犹浮动，山水间。烟痕乍禁，禊事初修。尚薄寒时节，双桨掠液，已喜得桥外水光先活。香南雪北，剩一片冷云明灭。想妙高堂，最高寒，未有玉人横笛。

■古图集萃

《平山堂图志》·梅岭春深

《扬州画舫录》·梅岭春深

梅嶺春深

《江南园林胜景》·梅岭春深

梅岭春深
瑞坤画于可园

梅岭春深 手绘图

第 16 章　贺氏东园

■景观概要

贺氏东园，位于莲性寺以东，又称贺园，园主为贺君召。该园始建于清雍正年间，建有翛然亭、春雨堂、品外第一泉、云山阁、吕仙阁、青川精舍、醉烟亭、凝翠轩、梓潼殿、驾鹤楼、杏轩等建筑。园中植被以银杏、松柏、牡丹为主，其银杏最古。

■文献辑录

《扬州画舫录》·卷十三

东园即贺园旧址，贺园有翛然亭、春雨堂、品外第一泉、云山阁、吕仙阁、青川精舍、醉烟亭、凝翠轩、梓潼殿、驾鹤楼、杏轩、芙蓉沜、目矖台、对薇亭、偶寄山房、踏叶廊、子云亭、春江草外山亭、嘉莲亭。今截贺园之半，改筑得树厅、春雨堂、夕阳双寺楼、云山阁、菱花亭诸胜。其园之东面子云亭改为歌台，西南角之嘉莲亭改为新河，春江草外山亭改为银杏山房，均在园外。另建东园大门于莲花桥南岸，其云山阁便门，通百子堂。

春雨堂柏树十余株，树上苔藓深寸许，中点黄石三百余石，石上累土，植牡丹百余本，圩墙高数仞，尽为薜荔遮断。堂后虚廊架太湖石，上下临深潭。有泉即"品外第一泉"，其北菱花亭集联云："苔色侵衣桁（李嘉祐），河香入水亭（周瑶）。"亭北为夕阳双寺楼，高与莲花桥齐，俯视画舫在竹树颠。联云："玉沙瑶草连溪碧（曹唐），石路流泉两寺分（白居易）。"

云山阁在夕阳双寺楼西，相传为吕申公守是郡时所建。《宝祐志》云："熙宁间，陈升之建云山阁于城西北隅，后吕公著尝宴其上"，则知阁非申公创造也。其址久已无考。又郑兴裔撤玉钩亭，改云山观，贾似道复云山观于小金山。此"云山观"，非"云山阁"。今亦只小金山可考，而云山观亦无考矣。贺园于此建阁，复名"云山"，今因之。联云："水曲山如画（罗邺），溪虚云傍花（杜甫）。"朱佐汤续题贺园云山阁之"醉月花阴竹影，吟风水槛山亭"一联，至今尚悬阁中。

得树厅银杏二株，大可合抱，枝柯相交，集杜联云："双树容听法，三峰意出云。"金寿门诗云："精庐净于水，双树绿缥初；石琴托心谣，竹扇擅草书。驺从时罕逢，隼旟来已虚；惟有秋灯下，曲生不我疏。"

桥外子云亭，桥内紫云社，皆康熙初年湖上茶肆也。乾隆丁丑后，紫云社改为银杏山房，由莲花桥南岸小屋接长廊，复由折径层级而上，面南筑屋三楹，与得树厅比邻。暇时仍为酒家所居，易名青莲社。

贺园始于雍正间，贺君召创建。君召字吴邨，临汾人，建有儵然亭、春雨堂、品外第一泉，云山、吕仙二阁，青川精舍。迨乾隆甲子，增建醉烟亭、凝翠轩、梓潼殿、驾鹤楼、杏轩、芙蓉汊、目瞩台、对薇亭、偶寄山房、踏叶廊、子云亭、春江草外山亭、嘉莲亭。丙寅间，以园之醉烟亭、凝翠轩、梓潼殿、驾鹤楼、杏轩、春雨堂、云山阁、品外第一泉、目瞩台、偶寄山房、子云亭、嘉莲亭十二景，征画士袁耀凤绘图，以游人题壁诗词及园中扁联，汇之成帙，题曰《东园题咏》。

乾隆甲子五月，是园落成，开白莲，中有红白一枝，时以为瑞。御史准泰为之唱，同作者江昱、江恂、江德征诚夫、周来谦沂塘、古斌、史璋琢夫、张秉彝、程仑、王伸维兰谷、张文炳静园、易羲文园河、周漪莲亭、徐节征、朝鲜布乐亭在公、王桓、陈钟应亭、魏嘉瑛、李鱓、孔毓璞辉山、程元英艿谿、柯一腾兰墀、龚导江、缪孟烈毅斋、陈章，沈泰瘦吟，君召自书"杏轩"扁。云山阁联云："供桑梓讴吟，几处亭台成小筑；快春秋游览，一隅邱壑是新开。"对薇亭联云："夜月桥边留画舫，春风陌上引香车。"

　　《扬州名胜录》·卷三

东园即贺园旧址。贺园有翛然亭、春雨堂、品外第一泉、云山阁、吕仙阁、青川精舍、醉烟亭、凝翠轩、梓潼殿、驾鹤楼、杏轩、芙蓉汻、目瞤台、偶寄山房、踏叶廊、子云亭、春山草外山亭、嘉莲亭。今截贺园之半，改筑得树厅、春雨堂、夕阳双寺楼、云山阁、菱花亭诸胜。其园之东面子云亭改为歌台，西南角之嘉莲台改为新河，春山草外山亭改为银杏山房，均在园外。另建东园大门于莲花桥南岸，其云山阁便门通百子堂。

■古图集萃

第 17 章　白塔·莲性寺

■景观概要

白塔·莲性寺，位于莲花桥以南、法海桥以北、四面环水的岛上，原名法海寺，寺院始建于元至元年间。原主体建筑由南自北依次有寺门、三世佛殿和白塔，两侧为方丈、僧寮及廊庑等建筑，现建筑仅存白塔（白塔始建年代不详，乾隆年间已是一处重要的景观建筑）。

■文献辑录

《平山堂图志》·卷二

《江都县志》：在县西北三里善应乡，旧名法海寺，元至元间僧为正建，明洪武十三年僧昙勇重建，正统元年僧宏福增建。国朝康熙初，歙人程有容等重修。四十四年，圣祖仁皇帝临幸，赐今名。《府志》：寺后名莲花埂。今按：乾隆七年，临汾贺君召重修，又建文昌殿、吕祖楼，并构轩亭廊榭，叠石种树，是为东园，其乡人屈复为撰记刻石者也。丙子等年，刑部郎中王统、中书许复浩、知府张子𤩽、刘方烜等重修。寺在保障河中央，前临法海桥，桥南隔岸为歌台，迤东为子云亭。寺后为白塔，高耸入云。塔右为得树厅，厅前银杏二株最古。寺右为御碑亭，亭左为园门，门以内为石台，台上为厅，台上下又古银杏二株，俱相传为唐以前物。台前垒石，种牡丹，厅后石隙为品外第一泉。厅左由曲廊而北，为春雨堂。厅右行梅花、湖石间，南向为夕阳双寺楼，楼左即云山阁，俱在莲花埂上。其后临河道，左为青莲社，迤北一带俱酒家亭馆。寺前左为三义阁，阁左为观音堂，寺右为郝公祠。

《南巡盛典》·卷九十七

旧名法海寺，寺四面环水，白塔峙其中，又有夕阳双寺楼，云山阁诸胜。桥则法海跨其间，莲花踞其后，迤北为酒家亭馆，青帘白舫，每萦拂于春秋佳日也。

《扬州画舫录》·卷十三

莲性寺在关帝庙旁，本名法海寺，创于元至元间，圣祖赐今名，并御制《上巳日再登金山》诗一首，书唐人绝句一首，临董其昌书绝句一首。上赐"众香清梵"扁，皆石刻建亭，供奉寺中。寺门在关帝庙右，中建三世佛殿，旁庑十余楹，通郝公祠，后建白塔，仿京师万岁山塔式。塔左便门，通得树厅，厅角便门通贺园，厅外则为银杏山房。赵滕翁诗序云："出天宁门近郊二里，有法海寺精舍一区，曲水当门，石梁济渡，凡游平山者，以此为中道。"僧牧山，字只得，工于诗。

寺中多柏树，门殿廊舍，皆在树隙，故树多穿廊拂檐。所塑神像，出苏州名匠手，皆极盛制。而文殊、普贤变相，三首六臂，每首三目，二臂合掌，馀四臂擎莲花、火轮、剑杵、简槊并日月轮火焰之属。裸身着虎皮裙，蛇绕胸项间，努目直视，金涂错杂，光彩陆离，制更奇丽。殿后柏树上巢鹤鸟无数，其下松花苔藓，作绀碧色；加之鸟粪盈尺，游人罕经。中建台五十三级，台上造白塔，塔身中空，供白衣大士像。其外层级而上，加青铜缨络，鎏金塔铃，最上簇鎏金顶。寺僧牧山开山，年例于十二月二十五日燃灯祈福。

徒传宗，精术数。乾隆甲辰，重修白塔甫成，传宗谓向来塔尖向午由左窗第二隙中倒入，今自右窗第二隙中侧入，恐不直，遂改修。按欧阳《归田录》，记开宝寺塔，为都料匠预浩所造。初成，望之不正而势倾，浩曰："京师地平无山，多西北风，吹之不百年当正。"此则因地制宜，又非拙工可同日语也。

寺庑为方丈，旁有小屋六楹，为僧寮。左界白塔，右界郝公祠，后界得树厅，皆寺僧所居。方丈门外，壁间陷石二：为王渔洋《红桥游记》，张养重所书；孙豹人《法海寺诗》，有"怀人一怅望，作记旧时曾"，谓此。寺为郎中王统、中书许复浩及张子琏、刘方烜同建。

《扬州名胜录》·卷三

莲性寺在关帝庙旁，本名法海寺，创于元至元间，对祖赐今名，并御制《上巳日再登金山》诗一首，书唐人绝句一首，临董其昌书绝句一首；上赐"众香清梵"匾，皆石刻建亭，供奉寺中。寺门在关帝庙右，中建三世佛殿，旁庑十余楹，通郝公祠。后建白塔，仿京师万岁山塔式。塔左便门通得树厅，厅角便门通贺贺园，厅外则为银杏山房。赵塍翁诗序云："出天宁门近郊二里，有法海寺精舍一区，曲水当门，石梁济渡，凡游平山者以此为中道。"

《江南园林胜景》（清代）收录自《扬州园林甲天下》扬州博物馆馆藏画本集萃

录文：莲性寺 旧名法海寺。圣祖仁皇帝赐今名。乾隆十六年（1751）、二十二年（1757）、二十七年（1762），皇上南巡，赐额、赐诗。三十年（1765），又赐《大悲陀罗尼经》一部。寺四面环水，中有白塔，有"夕阳双寺楼"、"云山阁"。门前为法海桥，寺后则（为）莲花桥。候选理问程大焕、候选州同孙嗣昌、候选运副巴在仕等重修。

注：咸丰兵火，寺毁。光绪中叶，初建山门，再建"云山阁"。民国中，寺僧募建大殿，渐复旧观。寺在今瘦西湖公园内。

《扬州览胜录》·卷一

莲性寺在莲花桥侧，本名法海寺，创于元至元间。清圣祖南巡幸寺，赐名莲性，事在康熙四十四年，见《平山堂图志》。圣祖并赐"众香清梵"额，寺僧刻石建亭，供奉寺中。咸丰兵火，寺毁。光绪中叶初建山门一进，复建云山阁五楹，并重饰白塔。阁临湖，面湖处以五色玻璃为窗，开窗可览全湖之胜，莲花桥亦如在几下。光绪间，寺僧精烹饪之技，尤以蒸鲢首名于时。当时郡人泛舟湖上者，往往宴宾于云山阁，专啖僧厨鲢首，咸称别有风味，至今故老犹能言之。民国初，寺僧重修云山阁，面湖五色玻璃窗撤去，改筑砖墙，多开壁窗，于宴客颇宜，亦可眺远。阁中额云"妙因胜境"，仪征陈观察重庆题。联云："一枝孤塔，似白鹤飞来，试添金碧楼台，便成北海；几度游人，被黄鸡催老，哪得乾嘉耆旧，与话南巡？"亦观察撰句并书。近年寺僧募建大殿三楹，渐复旧观。寺中旧有魏叔子《重建法海寺碑记》，已遍觅不得。惟清高宗御书五碑尚在，四碑兀立废院中，一碑卧荒草间。岂物之显晦无定，亦有幸与不幸欤？

白塔在莲花桥侧莲性寺内，一称喇嘛塔，系就旧塔基建造。旧塔建于何年，都不可考。按《扬州画舫录》，白塔系乾隆甲辰重修，仿北平北海喇嘛塔式造成。其形如锥，高入云表。塔基建台五十三级，台上造塔，塔身中空，供白衣大士像。其外层拾级而上，加青铜缨络镏金塔铃，最上簇镏金顶。今塔于光绪初年重修，塔基之台如旧，惟五十三级已不可见，亦不能拾级而上。然形式壮丽仍与昔同。每值晴日当空，塔顶金光四射，与南门外之文峰塔遥相对峙，称为邗上巨观。

■古图集萃

《平山堂图志》·莲性寺

《南巡盛典》·莲性寺

《扬州画舫录》·莲性寺

《江南园林胜景》·莲性寺

莲性寺 复原图

第 **17** 章 白塔·莲性寺

第 18 章　莲花桥

■景观概要

莲花桥又称五亭桥，位于白塔以北，横亘瘦西湖南北两岸。乾隆二十二年（1757），巡盐御史高恒为迎接乾隆皇帝游赏而建，是瘦西湖上重要的公共景观建筑。莲花桥上有五亭，下有四翼，造型独特，桥墩与桥亭变化丰富，相得益彰，是中国古代桥梁中最具审美特征的优秀作品，被茅以升誉为"中国最秀美的桥"。

■文献辑录

《平山堂图志》·卷二

亘保障河上，巡盐御史高恒建。桥上置五亭，下列四翼洞正侧凡十有五，月满时，每洞各衔一月，金色溇漾，卓然殊观。

《扬州画舫录》·卷十三

莲花桥在莲花埂，跨保障湖，南接贺园，北接寿安寺茶亭。上置五亭，下列四翼洞，正侧凡十有五。月满时每洞各衔一月，金色溇漾。乾隆丁丑，高御史创建。

《广陵名胜全图》

莲花桥横亘保障河上，为洞五，上皆置亭。朱绿金碧，藻曜天际，象五岳之拱峙。秋空明迥，园景凌波，五洞皆衔满月，如遥天之列纬，若沧海之出珠。

《扬州览胜录》·卷一

莲花桥俗名五亭桥，在莲性寺侧，跨瘦西湖上，清巡盐御史高恒建。以石造成，工程极大，上建五亭，下支四翼。桥洞正侧凡十有五，三五之夕，皓魄当空，每洞各衔一月，计十五洞，共得十五月，金色滉漾，众月争辉，倒悬波心，不可捉摸。观此乃知西湖之三潭印月不能专美于前。桥上五亭，于民国二十一年邑人募资重建，计费九千七百余金，至二十二年始落成。仪征陈延铧先生有重修碑记，建立桥之中心。民国壬午，县长潘公宏器重加修葺，复立石碑于桥上。金碧丹青，备极华丽。五亭四角系以金铃，风来泠然有声，清响可听。立桥上，直览全湖之胜。夏日游人于夕阳西下时多乘画舫小泊桥旁，作招凉之乐。尤以六月十八日夕为最盛。是夕为观音圣诞前一夕香期，画船多集于桥之前后，高悬明灯，笙歌迭起，至月上后始开往功德山。

《望江南百调》

扬州好，高跨五亭桥。面面清波涵月镜，头头空洞过云桡，夜听玉人箫。

■古图集萃

《平山堂图志》·莲花桥

《广陵名胜全图木刻》·莲花桥

五亭桥图·李墅

平山堂图

竹西风景·薛砚伯

第 19 章　白塔晴云

■景观概要

白塔晴云，原为清二十四景之一，位于莲性寺北岸，与白塔相对。乾隆年间由程扬宗、吴铺椿先后营构。1984 年，爱国旅日侨胞陈伸先捐款，于白塔晴云旧址重建了一座两进院落的庭园。市园林部门后又对景区周围的汀屿、小池、曲溪、土丘等建筑进行修葺，再现了清时"别业临青甸，前轩枕大河"的水乡意境。该园内设积翠轩、曲廊、半亭、林香榭、花南水北之堂等景点。

■文献辑录

《平山堂图志》·卷二

按察使程扬宗、州同吴辅椿先后营构，隔岸与莲性寺、白塔对，故以名之。临河面南为亭，亭左右黄石兀崒，"白塔晴云"四字磨崖刻焉。亭后有堂，颜曰"桂屿"，又后为花南水北之堂。堂西为积翠轩，轩前为半阁。阁右穿竹径，度桥，由长堤沿山麓而西，山上有梅花如雪，水际编朱竹为篱，掩映有态。堤右为厅，前后相向。厅左为芍厅，芍厅左为小阁。厅右复由小廊折而西，为厅如"之"字数折，南临保障河。厅右循堤穿梅径，至水亭，亭后由曲廊西数折，为林香草堂，堂后由别室西转，为种纸山房。山房右临河高矗者，为望春楼，楼前琢石为池。左右曲桥湾环如月。其西为石台，台上为厅，厅后与楼对，前当河曲处，西向，颜曰"小李将军画本"，其隔岸即熙春台也。楼右复为露台数折，以达于西爽阁。

《扬州画舫录》·卷十四

"白塔晴云"在莲花桥北岸，岸潩外拓，与浅水平。水中多巨石，如兽蹲踞；水落石出，高下成阶。上有奇峰壁立，峰石平处刻"白塔晴云"四字。阶前高屋三间名曰"桂屿"；屿后为花南水北之堂，堂右为积翠轩，轩前建半青阁，阁临园中小溪河，溪西设红板桥；桥西梅花里许，筑"之字厅"，厅外种芍药，其半为芍厅。前为兰渚，后为苍筤馆，复数折入林香草堂，堂后入种纸山房，其旁有归云别馆，外为望春楼，楼右为西爽阁。

桥南小屿，种桂数百株，构屋三楹，去水尺许。虎斗鸟厉，攒峦互峙。屋前缚矮桂作篱，将屿上老桂围入园中。山后多荆棘杂花，后构厅事，额曰"花南水北之堂"，联句云："别业临青甸（李峤），前轩枕大河（许浑）。"积翠轩在屿北树间，联云："叠石通溪水（许浑），当轩暗绿筠（刘宪）。"

屿西半青阁联云："才看早春莺出谷（韦庄），更逢晴日柳含烟（苏颋）。"阁前嵌石隙，后倚峭壁，左角与积翠轩通，右临小溪河。窗拂垂柳，柳阑绕水曲，阁外设红板桥以通屿中人来往。桥外修竹断路，瀑泉吼喷，直穿岩腹，分流竹间，时或贮泥侵穴。薄暮渔艇乘水而入，遥呼抽桥，相应答于缘树蓊郁之际。而屿东村春坞笛，又莫之闻也。

园中芍药十余亩，花时植木为棚，织苇为帘，编竹为篱，倚树为关。游人步畦町，路窄如线、纵横屈曲，时或迷不知来去。行久足疲，有茶屋于其中，看花者皆得契而饮焉，名曰芍厅。

芍厅后于石隙中种兰。早春始花，至于初夏，秋时花盛，一干数朵，谓之兰渚。渚上筑室三间，联云："名园依绿水（杜甫），仙塔俪云庄（马怀素）。"过此竹势始大。筑小室在竹中，额曰"苍筤馆"，联云："竹高鸣翡翠（杜甫），溪暖戏鸂鶒（刘长卿）。"

春夏之交，草木际天，中有屋数椽，额曰"林香草堂"，联云："歌绕夜梁珠宛转（罗隐），山连河水碧氤氲（陈上美）。"堂后小屋数折，屋旁地连后山，植蕉百余本，额曰"种纸山房"。

种纸山房之右，短垣数折，松石如黛，高阁百尺，额曰"西爽"。其西竹烟花气，生衣袂间，渚宫碧树，乍隐乍现，后山暖融，彩翠交映。得小亭舍，曰"归云别馆"。联云："小院回廊春寂寂（杜甫），碧桃红杏水潺潺（许浑）。"

《扬州名胜录》·卷三

"白塔晴云"在莲花桥北岸，岸潴外拓，与浅水平。水中多巨石，如兽蹲踞；水落石出，高下成阶。上有奇峰壁立，峰石平处刻"白塔晴云"四字。阶前高屋三间，名曰桂屿，屿后为花南水北之堂。堂右为积翠轩，轩前建半青阁，阁临园中小溪河，溪西设红板桥。桥西梅花里许，筑之字厅；厅外种芍药，其半为芍厅。前为兰渚，后为苍筤馆，复数折，入林香草堂。堂后入种纸山房，其旁有归云别馆，外为望春楼，楼右为西爽阁。

《江南园林胜景》（清代）收录自《扬州园林甲天下》扬州博物馆馆藏画本集萃

录文：白塔晴云 按察使衔程扬宗、州同吴辅椿先后营建。乾隆四十四年（1779），候选道张霞重修。对岸与莲性（寺）白塔（相）对，故名。有"花南水北之堂"、"积翠轩"、"林香草堂"诸景。今候选运副巴树保修葺。

注：白塔晴云，扬州北郊二十四景之一。旧址在莲花桥北偏西，今瘦西湖公园内。1984年复建。

《扬州览胜录》·卷二

"白塔晴云"故址在莲花桥北岸，为北郊二十四景之一，清乾隆间，程扬宗与吴辅椿先后营构。旧址在莲性寺对岸，以其与白塔相对，故名之，非专指白塔而言也。临河面南为亭，亭左右黄石兀崒，磨崖刻"白塔晴云"四字。亭后有桂屿堂与花南水北芝堂，又有积翠轩与半阁、芍厅、林香草堂、种纸山房、望春楼诸胜。

■古图集萃

《扬州画舫录》·白塔晴云

《江南园林胜景》·白塔晴云

白塔晴云 手绘图

第 20 章 春台明月（春台祝寿）

■景观概要

春台明月，又称春台祝寿，始建于清乾隆年间，为奉宸苑卿、盐商汪廷璋所建，位于莲性寺以西的瘦西湖南岸，西达湖水北折处。历史建筑包括熙春台、玲珑花界、镜泉阁、含珠堂、扇面厅等，园内有白莲、荷等植物。园中建筑以熙春台最为有名，号称"湖上台榭第一"。

■文献辑录

《平山堂图志》·卷二

熙春台，在三贤祠右，亦汪廷璋建，台高数丈，飞甍丹槛，上出云表，台下琢白石为栏，列置湖石，执诸卉果。台上左右为复道，为露台，为廊，为阁，如两翼舒拱台前，与望春楼对。河流至此一曲，后迤右为竹亭跨水上，水由亭下前过石桥入河，是为平流涌瀑，度桥循山麓绕堤而东为门，为庑，为厅，俱北向，厅左穿竹径至水厅，曰玲珑花界，厅右由长廊数折为镜泉楼，楼右由长廊数折，穿石洞入曲房，房外小山环抱，山上为梅花径，由曲房东出为含珠堂，堂以东复穿石洞，拾级以登为半阁，为亭，亭隔岸即莲花桥也。

《扬州画舫录》·卷十

二十景中谁最胜，熙春台上月初圆。溪划双峰线栈通，山亭一眺尽河东。好来斗茗评泉水，会待围荷受野风。月度重栏香细细，烟环远郭影蒙蒙。莲歌渔唱舟横处，俨在明湖碧涨中。

《扬州画舫录》·卷十五

"春台祝寿"在莲花桥南岸，汪氏所建。由法海桥内河出口，筑扇面厅，前檐如唇，后檐如齿，两旁如八字，其中虚棂，如折叠聚头扇。厅内屏风窗牖，又各自成其扇面。最佳者，夜间燃灯厅上，掩映水中，如一碗扇面灯。

厅后太湖石壁，攀峰脊，穿岩腹，中有石门，门中石路齿齿，皆冰裂纹。路旁老树盘踞，与游人争道，小廊横斜而出，逶迤至含珠堂。联云："野香袭荷芰（皎然），池色似潇湘（许浑）。"

园中池长十余丈，与新河仅隔一堤。池上构楼，旧名"镜泉"，今易名"环翠"。联云："冉冉修篁依户牖（包何），瞳瞳初日照楼台（薛逢）。"

池高于河，多白莲。堤上筑花篱，为疏棂间之，使内外水气相通。上置方屋，颜曰"玲珑花界"。联云："花柳含丹日（宋之问），楼台绕曲池（卢照邻）。""玲珑花界"之后，小屋两间。屋后小池，方丈许，潜通园中。大池亦种荷，颜曰"绮绿轩"。

熙春台在新河曲处，与莲花桥相对，白石为砌，围以石栏，中为露台。第一层横可跃马，纵可方轨，分中左右三阶皆城。第二层建方阁，上下三层。下一层额曰"熙春台"，联云："碧瓦朱甍照城郭（杜甫），浅黄轻绿映楼台（刘禹锡）。"柱壁画云气，屏上画牡丹万朵。上一层旧额曰"小李将军画本"，王虚舟书，今额曰"五云多处"。联云："百尺金梯倚银汉（李顺），九天钧乐奏云韶（王淮）。"柱壁屏幛，皆画云气，飞甍反宇，五色填漆，上覆五色琉璃瓦，两翼复道阁梯，皆螺丝转。左通圆亭重屋，右通露台，一片金碧，照耀水中，如昆仑山五色云气变成五色流水，令人目迷神恍，应接不暇。

《扬州名胜录》·卷三

"春台祝寿"在莲花桥南岸，汪氏所建。由法海桥内河出口，筑"扇面厅"，前檐如唇，后檐如齿，两旁如八字，其中虚棂，如折叠聚头扇。厅内屏风窗牖，又各自成扇面。最佳者，夜间燃灯厅上，掩映水中，如一碗扇面灯。厅后太湖石壁，攀峰脊，穿岩腹，中有石门：门中石路齿齿，皆冰裂纹。路旁老树盘踞，与游人争道，小廊横斜而出，逶迤至含珠堂。

园中池长十余丈，与新河仅隔一堤。池上构楼，旧名"镜泉"，今易名"环翠"。池高于河，多白莲。堤上筑花篱，为疏棂间之，使内外水气相通。上置方屋，额曰"玲珑花界"。"玲珑花界"之后，小屋两间，后小池，方丈许，潜通园中大池，以种荷，额曰"绮绿轩"。

熙春台在新河曲处，与莲花桥相对。白石为砌，围以石栏。中为露台。第一层横可跃马，纵可方轨，分中、左、右皆戚。第二层建方阁，上下三层；下一层额曰"熙春台"，柱壁画云气，屏上画牡丹万朵。上一层旧额曰"小李将军画本"，王虚舟书，今额曰"五云多处"。飞甍反宇，五色填漆，上覆五色琉璃瓦，两翼复道阁梯，皆螺丝转。左通圆亭重屋，右通露台，一片金碧，照耀水中，如昆仑山五色云气变成五色流水，令人目迷神恍，应接不暇。

《江南园林胜景》（清代）收录自《扬州园林甲天下》扬州博物馆馆藏画本集萃

录文：春台祝寿 乾隆二十二年（1757），奉宸苑卿衔汪廷璋起熙春台。其子按察使衔焘、其弟候选道元玼重修。飞甍丹槛，高出云表。又于其左为曲楼数十楹，以属于小园。后廷璋侄孙、议叙四品职卫承壁再修，为两淮人士献寿呼嵩之所。

注：春台祝寿（熙春台），扬州北郊二十四景之一。旧址在今瘦西湖公园内，1990年复建。

《馆藏扬州园林画选》收录自《扬州园林甲天下》扬州博物馆馆藏画本集萃

熙春台消夏　录文：湖上好徘徊，约同人，坐下街，背心时上休亡带。争先桨催，适意蓬抬。船多早定金兰菜，大花台。夕阳箫鼓，茉莉晚凉开。小旦带荣升，拢黄堂，水正温，巴工寂静开灯稳。晶镜平撑，玉镯频伸，骄奢自负风流甚，且消魂。陪东酒债，明日转关称。甲戌（同治十三年，1874）仲夏写《堡障湖熙春台消夏图》，并录前贤旧词二阕，以应际之大兄大人雅属即正之。邗上步莊裴恺。

注：裴恺（？—1878），字步莊，晚清扬州画家。

《扬州览胜录》·卷二

熙春台故址，《画舫录》称在新河曲处，与莲花桥相对，按：新河即清乾隆二十二年，御史高恒开莲花梗新河，抵平山堂一带，两岸皆建名园，至蜀冈麓止。《平山堂图志》亦谓：河流至此一曲，隔岸"白塔晴云"旧景内之望春楼与此台相对，当即在今莲花桥西南之水曲处。其旧景为"春台祝寿"，起始于莲花桥南岸，清乾隆间汪廷璋建，称为湖上台榭第一，北郊二十四景中之"春台明月"即此。台高数丈，飞甍丹槛，上出云表。台下琢白石为栏，列置湖石，执诸卉果，台上左右为复道，堂前为露台，为廊，为阁，并有玲珑花界、镜泉楼、含珠堂诸胜，久毁。今姑考证其他，以待兴复。由此段起，并详考莲花桥西两岸名园故址，至蜀冈麓止，俾考古迹者知当年名园之所在也。

■古图集萃

熙春台消夏局部

熙春台消夏·裴愷

第 **20** 章　春台明月（春台祝壽）

193

《扬州画舫录》·春台祝寿

《平山堂图志》·熙春台

194

《江南园林胜景》·春台祝寿

春台祝寿

瑞坤画于可园

春台祝寿 手绘图

第 **20** 章 春台朗月（*春台祝寿*）

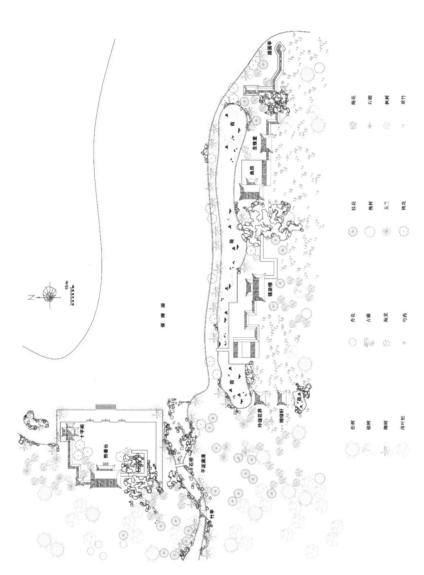

春台明月 复原图

第 21 章　筱园花瑞

■景观概要

篠园花瑞，位于熙春台以北的瘦西湖西岸，曾名篠园、三贤祠，清康乾年间先后为翰林程梦星、盐运使卢见曾、盐商汪廷璋构筑为私园。该园主要建筑有春雨阁、小漪南水亭、今有堂、初月沜、畅余轩、修到亭、仰止楼、阁道、看花处、僧舍等，园内广植芍药，还有荷、芙蓉、松、桂等植被，该园因程梦星、卢见曾在此举行的文会活动而著名。

■文献辑录

《平山堂图志》·卷二

三贤祠　故编修程梦星篠园旧基，运使卢见曾购得之，以界奉宸苑卿汪廷璋，改建为祠，见曾自为记，刻之石。先是，邑人祀宋韩琦、欧阳修、刁约、王居卿、苏轼等诸人于平山堂后真赏楼，而以本朝之王士禛、金镇、汪懋麟为配。后学臣胡宫庶润，为士禛辛未会试所得士，邑人有三贤之请而未果行，至是，始专以士禛并祀欧、苏，而诸贤从祧矣。祠门东向，门以外为苏亭，又称三过亭，因苏词有"三过平山堂下"之名，故以名之。入门，道左有亭，在梅花深处；道有右门，南向，颜曰"篠园"，以存其旧焉。门右为堂，祀三贤木主。堂左穿深竹以北，为溜止楼。楼左由曲廊以东，为旧雨亭。亭前迤左，为牡丹厅，厅后为曲室。

楼右由长廊北折，西向为瑞芍亭，是为"筱园花瑞"。

筱园花瑞 在三贤祠西，按察使汪泰所辟。临高西向为亭，曰瑞芍，其下为芍田，广可百亩。扬州芍药甲天下，载在旧谱者，多至三十九种，年来不常，厥品双歧并蕚，攒三聚四，皆旧谱所未有，故称"花瑞"焉。芍田西北百步，为红药桥。

《扬州画舫录》·卷十五

篠园本小园，在廿四桥旁，康熙间土人种芍药处也。孙豹人有《小园芍药诗》云："几度江南劳客思，今年江北绕花行。便教风雨犹多态，花况好时天更晴。"园方四十亩，中垦十余亩为芍田，有草亭，花时卖茶为生计。田后栽梅树八九亩，其间烟树迷离，襟带保障湖，北挹蜀冈三峰，东接宝祐城，南望红桥。康熙丙申，翰林程梦星告归，购为家园；于园外临湖濬芹田十数亩，尽植荷花，架水榭其上。隔岸邻田效之，亦植荷以相映。中筑厅事，取谢康乐"中为天地物，今成鄙夫有"句，名"今有堂"，种梅百本，构亭其中。取谢叠山"几生修得到梅花"句，名"修到亭"。凿池半规如初月，植芙蓉，畜水鸟，跨以略彴，激湖水灌之，四时不竭，名"初月沜"。今有堂，南筑土为坡，乱石间之，高出树杪，蹑小桥而升，名"南坡"。于竹中建阁，可眺可咏，名"来雨阁"。又筑平轩，取刘灵预答竟陵王书"畅余阴于山泽"语，名"畅余轩"。堂之北偏，杂植花药，缭以周垣，上覆古松数十株，名"馆松庵"。芍山旁筑红药栏，栏外一篱界之，外垦湖田百顷，遍植芙蕖。朱华碧叶，水天相映，名曰"藕縻"。（《毛诗》"縻"与"湄"通）轩旁桂三十株，名曰"桂坪"。是时红桥至保障湖，绿杨两岸，芙蕖十里。久之湖泥淤淀，荷田渐变而种芹。迨雍正壬子濬市河，翰林倡众捐金，益浚保障湖以为市河之蓄洩，又种桃插柳于两堤之上，会构是园，更增藕塘莲界，于是昔之大小画舫至法海寺而止者，今则可以抵是园而止矣。是园向有竹畦，久而枯死，马秋玉以竹赠之，方士庶为绘《赠竹图》，因以"篠"名园。庚申冬，复于溪边构小亭，澄潭修鳞，可以垂钓，莲房芡实，可以乐饥。仿宋叶主簿杞栖漪南别墅之名，名之曰"小漪南"。顾南原学博蔼隶书"夕阳双寺外，春水五塘西"一联，至今尚存。

三贤祠即筱园，乾隆乙亥，园就圮，值卢雅雨转运两淮，与午桥为同年友，葺而治之。以春雨阁祀宋欧阳文忠公、苏文忠公、国朝王文简公。以小漪南水亭改名"苏亭"，以今有堂改名"旧雨亭"。时枝上村、弹指阁改入官园，因于堂后仿弹指阁式建楼，名曰"仰止楼"，以"夕阳双寺外，春水五塘西"一联悬之。复于药栏中构小室十数间，招僧竹堂居之，以守三贤香火。其下增小亭，颜曰"瑞芍"。逾年，午桥卒，转运儋园赡其后人，且议祀午桥于三贤下，未果行。程令延为绘《三贤祠》图，今已散佚。

"筱园花瑞"即三贤祠。乾隆甲辰，归汪廷璋，人称为"汪园"。于熙春台左撤苏亭，构阁道二十四楹，以最后之九楹，开阁下门为篠园水门。初卢转运建亭署中，郑板桥书"苏亭"二字额，转运联云："良辰尽为官忙，得一刻余闲，好诵史翻经，另开生面；传舍原非我有，但两番视事、也栽花种竹，权当家园。"后因筱园改三贤祠，遂移是额悬之小漪南水亭上。联云："东坡何所爱（白居易），仙老暂相将（杜荀鹤）。"因题曰"三过遗踪"，列之牙牌二十四景中。后复改名"三过亭"，今俱撤为阁道。

翠霞轩即三贤旧殿。先是祠之建，本于康熙间祀宋韩魏公、欧阳文忠公、太守刁公、王公、苏文忠公于平山堂之真赏楼，以国朝司李王文简公、太守金公、刑部汪公为配，后居民有欧、苏二公及司李王公三贤之请。其时胡庶子润督学江南，为文简辛未会试所得士，有是举而未行。至卢转运莅扬州，乃以文简配两文忠，而诸贤从祧。自归汪氏，又撤三贤神主于桃花庵，以殿为园中厅事，旁植牡丹百本，构翠霞轩，联云："日映文章霞细丽（元稹），山张屏幛绿参差（白居易）。"

旧雨亭本卢雅雨所建，延惠征君栋纂修渔洋山人《感旧集》之地也。亭中花草有三绝，一架古藤，一亩老桂，一墙薜荔。

仰止楼前窗在竹中，后窗在园外，可望过江山色，东山墙圆牖为薜荔所覆，西山墙圆牖中皆苕田。花时人行其中，如东云见鳞，西云见爪。楼下悬"夕阳双寺外，春水五塘西"一联，仍是午桥旧物。是楼因枝上村僧文思弹指阁改入官园，因于是地仿其制为之，亦求旧之遗意也。

药栏十五间在仰止楼西，栏外即苕田，中有一水界之，即昔之藕糜。以上七间面西为游人看花处，下八间面东为竹堂僧庐，开竹下门，通三贤殿。竹堂为桃花庵僧石庄之孙，精篆籀，工画，善制竹器，与潘老桐齐名。迨三贤神主迁桃花庵，竹堂亦死，遂以下八间均开面西窗，而竹下门扃矣。

瑞苕亭在药栏外苕田中央。卢公转运扬州时，三贤祠花开三蒂，时以为瑞。以马中丞祖常"瑞苕"额于亭，联云："繁华及春媚（鲍照），红药当阶翻（谢朓）。"杭董浦太史有诗云："红泥亭子界香塍，画榜高标瑞苕称。一字单提人不识，不知语本马中丞。"又云："交枝并蒂倚东风，幻出三头气自融。细测天心征感应，

202

为公他日兆三公。"又云:"瑟瑟清歌妙入时,雕阑深护猛寻思。可知十万娉婷色,只要翻阶一句诗。"皆志此时胜事也。扬州芍药冠于天下,乾隆乙卯,园中开金带围一枝,大红三蒂一枝,玉楼子并蒂一枝,时称盛事。

《扬州名胜录》·卷四

篠园本小园,在廿四桥旁,康熙间土人种芍药处也。园方四十亩,中垦十余亩为芍田,有草亭。花时卖茶为生计。田后栽梅树八九亩,其间烟树迷离,襟带保障湖,北挹蜀冈三峰,东接宝祐城,南望红桥。康熙丙申,翰林程梦星告归,购为家园,于园外临湖浚芹田十数亩,尽植荷花,架水榭其上。隔岸邻田效之,亦植荷以相映。中筑厅事,取谢康乐"中为天地物,今成鄙夫有"句,名"今有堂"。种梅百本,构亭其中,取谢叠山"几生修得到梅花"句,名"修到亭"。凿池半规如初月,植芙蓉,畜水鸟,跨以略约,激湖水灌之,四时不竭,名"初月沜"。今有堂南筑土为坡,乱石间之,高出树杪,蹑小桥而升,名"南坡"。于竹中建阁,可眺可咏,名"来雨阁"。又筑平轩,取刘灵预答竟陵王书"畅馀阴于山泽"语,名"畅馀轩"。堂之北偏,杂植花药,缭以周垣,上覆古松数十株,名"饭松庵"。芍田旁筑红药栏,栏外一篱界之。外垦湖田百顷,遍植芙蕖,朱华碧叶,水天相映,名曰"藕糜"(《毛诗》"糜"与"湄"通)。轩旁桂三十株,名曰"桂坪"。是时红桥至保障湖,绿杨两岸,芙蕖十里。久之湖泥淤淀,荷田渐变而种芹。迨雍正壬子浚市河,翰林倡众捐金,益浚保障湖以为市河之蓄泻,又种桃插柳于两堤之上。会构是园,更增藕塘莲界,于是昔之大小画舫至法海寺而止者,今则可以抵是园而止矣。是园向有竹畦,久而枯死。马秋玉以竹赠之，方士庶为绘《赠竹图》，因以"篠"名园。庚申冬，复于溪边构小亭，澄潭修鳞，可以垂钓；莲房芡实，可以乐饥。仿宋叶主簿杞漪南别墅之名，名之曰"小漪南"。顾南原学博蔼隶书"夕阳双寺外，春水五塘西"一联，至今尚存。

三贤祠即篠园。乾隆乙亥，园就圯，值卢雅雨转运两淮，与午桥为同年友，葺而治之。以春雨阁祀宋欧阳文忠公、苏文忠公，国朝王文简公；以小漪南水亭改名苏亭，以今有堂改名旧雨亭。时枝上村、弹指阁改入官园，因于堂后仿弹指阁式建楼，名曰"仰止楼"，以"夕阳双寺外，春水五塘西"一联悬之。复于药栏中构小室十数间，招僧竹堂居之，以守三贤香火。其下增小亭，额曰"瑞芍"。逾年，午桥卒，转运傃园赀赡其后人，且议祀午桥于三贤下，未果行。程令延绘《三贤祠图》，今已散佚。

"篠园花瑞"即三贤祠。乾隆甲辰归汪廷璋，人称为"汪园"。于熙春台左撤苏亭，构阁道二十四楹，以最后之九楹开阁下门，为篠园水门。初卢转运建亭署中，郑板桥书"苏亭"二字额，转运联云："良辰尽为官忙，得一刻余闲，好诵史翻经，另开生面；传舍原非我有，但两番视事，也栽花种竹，权当家园"。后因篠园改三贤祠，遂移是额悬之小漪南水亭上，因题曰"三过遗踪"，列之牙牌二十四景中。后复改名"三过亭"，今俱撤为阁道。

翠霞轩即三贤旧殿。先是祠之建，本于康熙间祀宋韩魏公、欧阳文忠公、太守刁公、王公、苏文忠公于平山堂之真赏楼，以国朝司理王文简公、太守金公、刑部汪公为配。后居民有欧、苏二公及司理王公三贤之请，其时胡庶子润督学江南，为文简辛未会试所得士，有是举而未行。至卢转运莅扬州，乃以文简配两文忠公，而诸贤从祧。自归汪氏，又撤三贤神主于桃花庵，以殿为园中厅事，旁植牡丹百本，构翠霞轩焉。

《江南园林胜景》（清代）收录自《扬州园林甲天下》扬州博物馆馆藏画本集萃

录文：筱园花瑞 园为编修程梦星别墅，后汪廷璋等辟其西，广数十亩为芍药田。（花）有并头三萼者，因作"瑞芍亭"以纪胜。亭之北有"仰止楼"，修竹万竿，绿猗可爱。楼之东有丛桂数十本。建亭三楹，名曰"旧雨"。有古藤复荫，花时烂漫，如张锦幄。折而西，有"梅岭小亭"踞其上。今其侄孙承壁重修。

注：筱园花瑞旧址在今瘦西湖公园内，"熙春台"北偏西处。

《扬州览胜录》·卷二

筱园故址在熙春台与古三贤祠西，本名小园，清康熙间土人种芍药处也。乾隆间归按察使汪恭，建瑞芍亭于其中，下为芍田，广可百亩。乾隆乙卯，园中开金带围一枝，大亭红三蒂一枝，玉楼子并蒂一枝，时称盛事。故题其景曰：筱园花瑞。芍田西北百步至二十四桥。

■古图集萃

《平山堂图志》·三贤祠

《扬州画舫录》·筱园花瑞

《江南园林胜景》·篠园花瑞

罗聘《筱园饮酒》

208

图例：橡树　松树　桂花　深叶松　楝花　梅花　牡丹　慈竹　芍药

筱园水门
廊道
僧舍
有人看花处
僧舍
今有堂　田雨香
勺田
惨别亭
三畏阁
勺田
即止楼
畅余轩

筱园花瑞 复原图

筱园花瑞
瑞坤画于可园

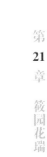

第 22 章　石壁流淙（水竹居）

■景观概要

石壁流淙（水竹居），位于望春楼以北的湖东岸，北接锦泉花屿，是奉宸苑卿、歙县盐商徐士业所建私家园林。该园始建于乾隆年间，乾隆三十年皇帝赐名"水竹居"，并赐联、额，园中石壁流淙一景"以水石胜"。主要建筑为小方壶、花潭竹屿、丛碧山房、静香书屋、静照轩、妍清室（清妍室）、莳玉居、阆风堂等，有竹、桂、梅、桃、玉兰、牡丹、藤花等植被。

■文献辑录

《平山堂图志》·卷二

水竹居　奉宸苑卿徐士业园。乾隆三十年，我皇上临幸，赐今名，又赐"水色清依榻，竹声凉入窗"一联，又赐"静照轩"三字额。园之景二：曰小方壶，"石壁流淙"。园在"白塔晴云"之右，临河西向为水厅，厅左右曲廊，右通水中方亭，即小方壶也。左转，由曲廊过浮桥，北折，为厅，曰花潭竹屿。厅后为楼，供关帝像。楼右小廊西出，穿梅径，至静香书屋。屋左为小山，临水，丛桂生焉。缘山而北，东折，为半山亭。又北行桃花下，达御碑亭，内供皇上御书石刻。亭前为石台，临水，后种玉兰数十株。亭左由回廊而西，廊前巨石临水，刻"石壁流淙"四字。廊右为妍清室，室前种牡丹，后临石壁，水由山后挂石壁落地，俨同匹练，循除號號，冬夏不竭。

室右有小桥，卧老树为之。度桥，行石壁下，迤北为观音洞，洞有宋磁白衣观音像。洞前为船屋，屋右倚石壁为长廊，至阆风堂。堂前为石台，临水，四面回廊、石槛环绕。堂后数峰特起，为石壁最高处。堂右由长廊而北，为丛碧山房，廊以东为竹间小阁。循山房北行藤花下百余步，水中有小山，桃花最盛，山上为草亭，看东岸藤花最宜。藤花尽处，复缘山麓行，山上有亭，曰霞外。山止处有大楼临水，曰碧云。楼右为静照轩，皇上御题额也。轩后，右为箭圃，左为曲室，窈窕数重，如往而复。最后为水竹居，御题额供其上。居前水中石隙有瀑突泉，泉分九穗，高出檐表，散落池中如雪。再由静照轩而北，为长廊，为竹径，为六方亭，又右与"锦泉花屿"接。

《南巡盛典》·卷九十七

水竹居

乾隆三十年

皇上临幸赐名也，山石壁立，屈曲若展画屏，中有花潭竹屿，又玉兰数十本，环绕精舍，花时清辉照人，如在瑶林琼树间，颜曰：静照，亦御题额也。循廊而西，巨石临水，镌"石壁流淙"四字，水由石下落池中，悬流虢虢，冬夏不竭，其间为堂、为楼、为亭、为花坞，曲折交午，最后万竿竞绿，一境拖蓝，水竹幽奇，于斯为最。

《扬州画舫录》·卷十四

乾隆二十二年，高御史开莲花埂新河抵平山堂，两岸皆建名园。北岸构"白塔晴云"、"石壁流淙"、"锦泉花屿"三段，南岸构"春台祝寿"、"筱园花瑞"、"蜀冈朝旭"、"春流画舫"、尺五楼五段。

　　"石壁流淙"一名"徐工"，徐氏别墅也。乾隆乙酉，赐名"水竹居"，御制诗云："柳堤系桂艒，散步俗尘降。水色清依榻，竹声凉入窗。幽偏诚独擅，揽结喜无双。凭底静诸虑，试听石壁淙。"是园由西爽阁前池内夹河入小方壶，中筑厅事，额曰"花潭竹屿"。厅后为静香书屋，屋在两山间，梅花极多。过此上半山亭，山下牡丹成畦，围以矮垣，垣门临水，上雕文砖为如意，为是园之水马头，呼为"如意门"。门内构清妍室，室后壁中有瀑入内夹河。过天然桥，出湖口，壁中有观音洞，小廊嵌石隙，如草蛇云龙，忽现忽隐，薜玉居藏其中。壁将竟，至阆风堂，壁复起折入丛碧山房，与霞外亭相上下，其下山路，尽为藤花占断矣。盖石壁之势，驰奔云矗，诡状变化，山榴海柏，以助其势，令游人攀跻弗知何从。如是里许，乃渐平易，因建碧云楼于壁之尽处，园内夹河亦于此出口。楼右筑小室四五间，赐名"静照轩"。轩后复构套房，诡制不可思拟，所谓"水竹居"也。园后土坡上为鬼神坛，坛左竹屋五六间，自为院落，园中花匠居之。

　　自望春楼入夹河，上庋水阁，入水厅，碧缘四溢，潭深无底，菱芡郁兴，蘸水生花，无数水鸟踏浪而飞，层层成梯，令游其中者人面烟水不相隔也。

　　厅西屿上筑屋两三间，名曰"小方壶"。

　　水廊西斜，蓼浦兰皋，接径而出，中有高屋数十间，题曰"花潭竹屿"。联云："天上碧桃和露种（高蟾），门前荷叶与桥齐（张万顷）。"屋后危楼百尺，栏槛涂金碧。楹柱列锦绣，望之如天霞落地。右入浅岸，种老梅数百株，枝枝交让，尽成画格。中建静香书屋，汲水护苔，选树编篱，自成院落，如隔人境。联云："飞塔云霄半（刘宪），书斋竹树中（李颀）。"

静香书屋之左，土径如线，隐见草际。干松湿云，怪石路齿，建半山亭以为游人憩息之所。

"石壁流淙"，以水石胜也。是园辇巧石，磊奇峰，潴泉水，飞出巅崖峻壁，而成碧淀红涔，此"石壁流淙"之胜也。先是土山蜿蜒，由半山亭曲径逶迤至此，忽森然突怒而出，平如刀削，峭如剑利，襞积缝纫。淙嵌沝岨，如新篁出箨，疋练悬空，挂岸盘溪，披苔裂石，激射柔滑，令湖水全活，故名曰"淙"。淙者，众水攒冲，鸣湍叠濑，喷若雷风，四面丛流也。

如意门中牡丹极高，花时可过墙而出。中筑清妍室，联云："露气暗连青桂苑（李商隐），春风新长紫兰芽（白居易）。"室右环以流水，跨木为渡，名"天然桥"。桥取朽木，去霜皮，存铁干，使皮中不住聚脂而郁跂顿挫。槛楯皆用附枝，委婉屈曲，偃蹇光泽，又一种木假诡制也。

天然桥西，汀草初丰，渚花乱作，大石屏立，疑无行路；度其下者，亦疑其必有殊胜。乃步浅岸，攀枯藤，寻绝径，猿鸟助忙，迎人来去。行人苦难，幽赏不倦。移时晃晃昱昱，自乱石出，长廊靓深，不数十步，金碧相映，如寒星垂地，由廊得一石洞，深黑不见人，持烛而入，中有白衣观音像，游者至此，迥非世间烟霞矣。

自清妍室后，危崖绝壁，断腭相望。闯然而过，甫得平地，上建小室，额曰"莳玉居"。集杜联云："山月映石室，春星带草堂。"

伏流既回，万石乃出。崖洞盘郁，散作叠撇；尖削为峰，平夷为岭，悬石为岩，有穴为岫；小者类兔，大者如虎，立者如人。

松生石隙，凉飔徐来，文苔小草，嵌合石隙，梓桧之属，拳曲安命。其下小屋数椽，露台一弓，厅事五楹，颜曰"阆风堂"。联云："红桃绿柳垂檐向（王维），碧石青苔满树阴（李端）。"堂后种竹十余顷，构小屋三四间，为丛碧山房。

石壁中古藤数本，植木为架。春时新绿在杏花前，花开累累如缨络。行其下者，及肩拗项，如身在绣伞盖中。鼠语喷喷，枝叶摇动。秋夏之交，深碧断路；秋尽筋骨缠裹，霜皮尽露，满地成冰裂纹。屿上构草亭，为看东岸藤花之地。藤花既尽，土阜复起，阜上筑霞外亭。

土阜西南，危楼切云，广十余间。水槛风棂，若连舻縻舰，署曰"碧云楼"。联云："烟开翠幌清风晓（许浑），花压兰干春昼长（温庭筠）。"楼北小室虚徐，疏棂秀朗，盖静照轩也。

静照轩东隅，有门狭束而入，得屋一间，可容二三人。壁间挂梅花道人山水长幅，推之则门也。门中又得屋一间，窗外多风竹声。中有小飞罩，罩中小棹，信手摸之而开，入竹间阁子。一窗翠雨，着须而凝，中置圆几，半嵌壁中。移几而入，虚室渐小，设竹榻，榻旁一架古书，缥缃零乱，近视之，乃西洋画也。由画中入，步步幽邃，扉开月入，纸响风来，中置小座，游人可憩，旁有小书厨，开之则门也。门中石径逶迤，小水清浅，短墙横绝，溪声遥闻，似墙外当有佳境，而莫自入也。向导者指画其际，有门自开，麓险之石，穿池而出。长廊架其上，额曰"水竹居"。阶下小池半亩，泉如溅珠，高可逾屋，溪曲引流，随云而去。池旁石洞逼仄，可接楼西山翠，而游者终未之深入也。是地供奉御赐"水竹居"扁及"水色清依榻，竹声凉入窗"一联。石刻临苏轼诗卷，并书"取径眉山"四字。

徐赞侯，歙县人，业盐扬州。与程泽弓、汪令闻齐名。家南河下街，与康山草堂比邻。有晴庄、墨耕学圃、交翠林诸胜。毁垣即与江氏康山为一。南巡时，江氏借之为康山退园，故亦得以恭迓翠华，传为胜事，遂与北郊之水竹居并称矣。

《扬州名胜录》·卷三

"石壁流淙"一名"徐工"，徐氏别墅也。乾隆乙酉赐名"水竹居"，御制诗。是园由西爽阁前池内夹河入小方壶，中筑厅事，额曰"花潭竹屿"。厅后为"静香书屋"，屋在两山间，梅花极多。过此上半山亭，山下牡丹成畦，围以矮垣，垣门临水，上雕文砖为如意，为是园之水码头，呼为"如意门"。门内构清妍室，室后壁中有瀑入内夹河。过天然桥，出湖口，壁中有观音洞。小廊嵌石隙，如草蛇云龙，忽现忽隐，苔玉居藏其中。壁将竟，至阆风堂，壁复起，折入丛碧山房，与霞外亭相上下，其下山路尽为藤花占断矣。盖石壁之势，驰奔云矗，诡状变化；山榴海柏，以助其势，令游人攀跻，弗知何从。如是里许，乃渐平易，因建碧云楼于壁之尽处，园内夹河亦于此出口。楼右筑小室四五间，赐名"静照轩"。轩后复构套房，诡制不可思拟，所谓"水竹居"也。园后土坡上为鬼神坛，坛左竹屋五六间，自为院落，园中花匠居之。

《江南园林胜景》（清代）收录自《扬州园林甲天下》扬州博物馆馆藏画本集萃

录文：水竹居 旧称"石壁流淙"。奉宸苑卿衔徐士业园。其侄候选道徐骐生、候选运同徐宥先后修葺。园前面河，后依石壁。水中沙屿可通者，曰"小方壶"。并石而起者，为"花潭竹屿"、"苔玉居"、"静香书屋"、"妍清室"、"阆风堂"，最后为"曲室"。

乾隆三十年（1765），皇上赐名"水竹居"。居后有轩，赐名"净照轩"，御书匾额。又赐"水色清依榻，竹声凉入窗"一联。又赐御临苏轼、巨然《海野图诗卷》一轴。

注：水竹居旧址在今瘦西湖公园北区，保障河东岸。

《扬州览胜录》·卷二

水竹居故址在莲花桥北岸"白塔睛云"之右，清乾隆间奉宸苑卿徐士业建。高宗临幸，赐名"水竹居"，又赐"静照轩"三字额。园之景二：一曰小方壶，一曰"石壁流淙"。临河西向为水厅，厅左右曲廊，右通水中方亭，即小方壶也；左有厅曰"花潭竹屿"，厅后为静香书屋，并有清妍室、观音洞、阆风堂、丛碧山房、霞外亭、碧云楼、静照轩诸胜。至"石壁流淙"则以水石胜，与西岸之高咏楼相对。其景之胜处盖在萃巧石，磊奇峰，潴泉水，飞出颠崖峻壁，而成碧演红淙，故名曰"石壁流淙"。此景久毁。按："静照轩"三大字石刻，今与"高咏楼"三字石刻同嵌于长春岭下月观北之御碑亭中。

■古图集萃

《南巡盛典》·石壁流淙

《扬州画舫录》·石壁流淙

《平山堂图志》·水竹居

《平山堂图志》·石壁流淙

221

《江南园林胜景》·水竹居

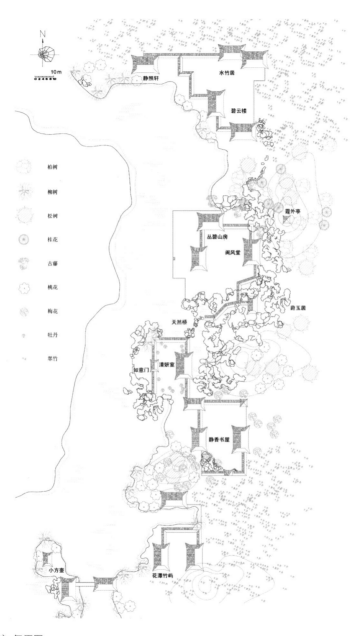

N

10 m

柏树

柳树

松树

桂花

古藤

桃花

梅花

牡丹

翠竹

静照轩

水竹居

碧云楼

霄外亭

丛碧山房

澜风堂

蔚玉居

天然桥

如意门

清妍室

静香书屋

小方壶

花潭竹屿

石壁流淙 复原图

石壁流淙

瑞坤画于可园

第 **22** 章　石壁流淙（水竹居）

第 23 章　蜀冈朝旭（高咏楼）

■景观概要

高咏楼（蜀冈朝旭），始建于清乾隆年间，为按察使李志勋私家园林，张绪增重建。隔岸与"石壁流淙"对，北接万松叠翠，南临"篠园花瑞"。《扬州画舫录》中记该园"前以石胜、后以竹胜、中以水胜"。历史建筑由来春堂、临溪屋、旷如亭、流香艇、含青室、初日轩、青桂山房、十字廊、指顾三山亭、射圃、竹楼、香草亭等构成，园中植被有梅、柳、桂、竹、牡丹、荷花等。

■文献辑录

《平山堂图志》·卷二

按察使李志勋园。乾隆二十七年，我皇上临幸，赐今名，又赐"山堂返棹留闲憩，画阁开窗纳景光"一联。园之景曰"蜀冈朝旭"。园门南向，隐太湖石侧。入门，迤北为来春堂，御书"高咏楼"三字石刻供堂内。南逾小山，有屋，深五尺，广一丈，以拟欧公画舫，颜曰"数椽潇洒临溪屋"。东折，过小桥，北登旷如亭，又北过桥，为流香艇。再由长廊以北，蠹然特起，是为高咏楼，内供皇上御书楼额，楼前为石台，隔岸与"石壁流淙"对，"蜀冈松翠"峙其东北隅，据一园之胜焉。楼左为含青室，室后为初日轩，室左度桥为青桂山房，室后曰跳听烟霞，其右为十字厅。厅后北折，循长堤登山，有亭曰指顾三山。亭后东折而下，其北为射圃，右为竹楼。由射圃前直北至园外，为草香亭，亭右即"万松叠翠"也。园内外皆水，缭以周垣，列置湖石，杂植梅、柳、桂、竹、牡丹、荷花，春夏之交，延览不尽。

《南巡盛典》·卷九十七

旧传宋苏轼题《西江月》词于此，居人建楼以志遗韵，曰"蜀冈朝旭"，乾隆二十七年赐今名，轩堂窈窱，台榭萧疏，院内外萦回一水，缭以长垣，列置太湖石，褾植名葩嘉树，春夏之交，极邗江之胜赏云。

《清代园林图录》

蜀冈朝旭，本李氏别墅，后归临潼张氏。至乾隆壬午，是园临河建楼，赐名高咏楼。楼前本保障湖后莲塘，张氏因之。辇太湖石数千石，移堡城竹数十亩，故是园前以石胜，后以竹胜，中以水胜。由南岸过筱园外石板桥，为园门。门内层岩小壑，委曲曼迴。石尽树出，树间筑来春堂。南逾小山，有屋深五尺，广一丈，颜曰数椽潇洒临溪屋。东折过小桥，北登旷如亭，又北过桥为流香艇。再由长廊以北，矗然特起是为高咏楼前为石台，隔岸与石壁流淙对，蜀冈松峙其东北隅，据一园之胜焉。高咏楼后，筑屋十余楹如弓字。一曰含青室，楼角小门通之，室旁小屋十数间，曰眺听烟霞轩。一曰初日轩，轩后度板桥入规门，有十字厅，颜曰青桂山房，厅前老桂树十株，厅后方塘数亩，高柳四围，秋间蝉声不绝。塘北后山崛起，构亭然，颜曰指顾三山。其下竹畦万顷，中构小竹楼，楼下为射圃。由射圃直北至园外为草香亭。园内外皆水，缭以周垣，列置湖石，杂植梅、柳、桂、竹、牡丹、荷花，春夏之交，延览不尽。

《扬州画舫录》·卷十五

"蜀冈朝旭"，李氏别墅也。李志勋筑初日轩、"眺听烟霞"、"月地云阶"诸胜，今归临潼张氏。至乾隆壬午，是园临河建楼，恭逢赐名"高咏"，御制诗云："高楼苏迹久毡乡，今古风流翰墨场。八咏遥年符瘦沈，一时风气近欧阳。山塘返棹闲留憩，画阁开窗纳景光。知忆髯公拟阁笔，似闻公语语何妨。"又赐"清韵堂"额，楼前本保障湖后莲塘。张氏因之，辇太湖石数千石，移堡城竹数十亩，故是园前以石胜，后以竹胜，中以水胜。由南岸堤上过筱园外石版桥，为园门，门内层岩小壑，委曲曼回。石尽树出，树间筑来春堂，厅后方塘十亩，万竹参天，中有竹楼，竹外为射圃。其后土山又起，上指顾三山亭，过此为园后门，门外即草香亭。

来春堂联云："一片彩霞迎旭日（杨巨源），万条金线带春烟（施吾肩）。"堂之前激清储阴，细草杂花，布满岩谷，水色绀碧，积溜脂滑，方之云林，当不过是。

数椽潇洒临溪屋，在来春堂左。小室如画舫，有小垣高三尺余，中嵌花瓦，用文砖镂刻"蜀冈朝旭"四字，与堤逶迤。东南角立秋千架。高出半天。令人见之愈觉矮垣之妙。由堤入山，山尽步小堤上。

旷如亭在东岸小山上，过此山平水阔，水中筑双流舫，后增丁字屋，周以红栏，设宛转桥，改名"流香艇"。联云："重檐交密树（王勃），隔岸上春潮（清江）。"至是有长廊数十丈。

高咏楼本苏轼题《西江月》处，张轶青登三贤祠高咏楼诗云："享祀名贤地最幽，新删修竹起高楼。冈形西去连三蜀，山色南来自五洲。可惜典型徒想像，若经觞咏更风流。人间行乐何能再，

聊倚栏杆散暮愁。"张士诗云："肃穆灵祠一水傍，更深层构纳
秋光。竹间云气随吴岫，帘外松声下蜀冈。异代同时俱寂寞，西
风落木正苍凉。登临不尽千秋感，独凭花栏向夕阳。"今楼增枋楔，
下甃石阶。楼高十余丈，楼下供奉御赐"山堂返棹留闲憩，画阁
开窗纳景光"一联。楼上联云："佳句应无敌（崔桐），苏侯得
数过（杜甫）。"

是园池塘本保障湖旁莲市，塘中荷花皆清明前种，开时出叶
尺许，叶大如蕉，周以垂柳幂历，广厦窈窱，避暑为宜。高咏楼后，
筑屋十余楹如弓字，一曰"含青室"，楼角小门通之。联云："日
交当户树（苏颋），花绕榜池山（祖咏）。"室旁小屋十数间，曰"眺
听烟霞轩"，联云："松排山面千重翠（白居易），日较人间一
倍长（陆龟蒙）。"一曰"初日轩"，本名承露轩，今仍用其旧。
联云："池塘月撼芙渠浪（方干），罗绮晴娇绿水洲（孟浩然）。"
轩后度板桥入规门，有十字厅，颜曰"青桂山房"，联云："从
此不知兰麝贵（裴思谦），相期共斗管弦来（孟浩然）。"厅前
老桂数十株，靠山多玉蝶梅。厅后方塘数亩，高柳四围，秋间蝉
声不绝。塘北后山崛起，构亭翼然，颜曰"指顾三山"。其下竹
畦万顷，中构小竹楼，楼下为射圃。

草香亭在堤上，香舆宝马至此，由卷墙门入司徒庙山路。

《扬州名胜录》·卷四

"蜀冈朝旭"，李氏别墅也。李志勋筑初日轩、"眺听烟霞"、
"月地云阶"诸胜，今归临潼张氏。至乾隆壬午，是园临河建楼，
恭逢赐名"高咏"，并御制诗；又赐"清韵堂"额。楼前本保障
湖后莲塘，张氏因之，辇太湖石数千石，移堡城竹数十亩。故是

园前以石胜，后以竹胜，中以水胜。由南岸堤上过由南岸堤上过筱园外石版桥，为园门，门内层岩小壑，委曲曼回。石尽树出，树间筑来春堂，厅后方塘十亩，万竹参天，中有竹楼，竹外为射圃。其后土山又起，上指顾三山亭，过此为园后门，门外即草香亭。

《江南园林胜景》（清代）收录自《扬州园林甲天下》扬州博物馆馆藏画本集萃

录文：蜀冈朝旭 亦李志勋所构建，张绪增重建。自双画舫北折，循长堤登山。有亭曰"指顾三山"，亭后东折而下，为"射圃"、为"竹楼"、为"迎晖亭"。左近蜀冈，初日照万松间，如浮金叠翠，所谓"西山朝来，致有爽气者"也。

录文：御题高咏楼 相传宋苏轼题《西江月》词于此。按察使衔李志勋所构，候选道张绪增重建。乾隆二十七年（1762），御赐书"高咏楼"额，并"山堂返照留间憩，画阁开窗纳景光"一联。楼东向，隔岸与"石壁流淙"对。楼之南为露台，过桥为"旷如亭"。折而西，经小桥，土山环抱，中有厅，名曰"五福厅"。由厅而东，佳树参差，奇峰森立。旁建碑亭，御书石刻，供亭内。楼之北为"含青室"，室后为"初日轩"。轩左，渡桥为"青桂山房"。其东，山皆黄石累之，高下突兀，一笠小亭出其上。由石径北折为双画舫，即"眺听烟霞"旧址也。长廊分绕，曲室旁通，前植古梅，后临方池，水木清华，延览不尽。

注：蜀冈朝旭（高咏楼）旧址在瘦西湖公园北侧，即今扬州税务学院内。

《扬州览胜录》·卷二

高咏楼故址在筱园西北、湖之西岸，与东岸之"石壁流淙"相对。

其地与蜀冈渐近，为清乾隆间按察使李志勋之园。园之景曰"蜀冈朝旭"，门面南，"高咏楼"三字石刻为清高宗所书。园内旧有来春堂数椽、潇洒临溪，屋旷如亭，流香艇、含青室、初日轩、青桂山房、十字廊、指顾三山亭、射圃、竹楼、香草亭诸胜。香草亭右即为"万松叠翠"。《画舫录》云："高咏楼本苏轼题《西江月》处。"清高宗诗云："山塘返棹闲流憩，画阁开窗纳景光"，即题此楼句。此景久毁坏，惟"高咏楼"石刻三字今犹嵌于长春岭月观北之御碑亭壁中。余游湖上每见之。也谓高咏楼故址在长春岭麓，非是。今据《平山堂图志》正之。

■古图集萃

《扬州画舫录》·蜀冈朝旭

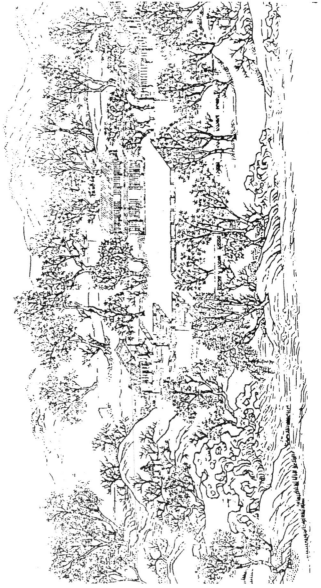

高咏楼

〈南巡盛典〉·高咏楼

《清代园林图录》·高咏楼 1

《清代园林图录》·高咏楼 2

《平山堂图志》·蜀冈朝旭

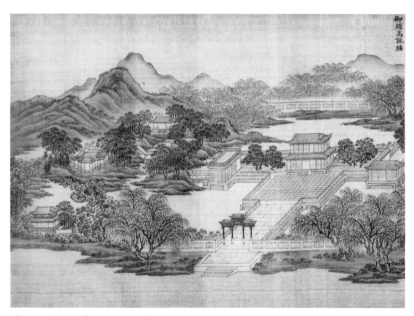

《江南园林胜景》·御题高咏楼

234

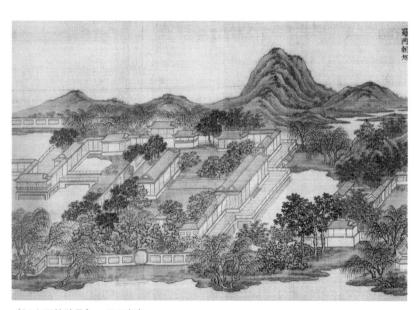

《江南园林胜景》·蜀冈朝旭

235

蜀冈朝旭
瑞坤画于可园

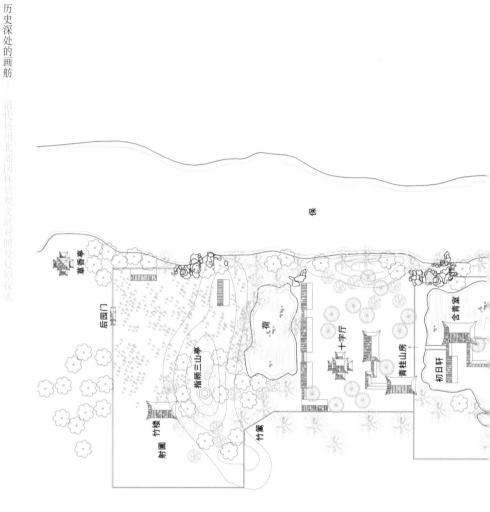

保

草春亭

后园门

射圃

竹楼

指顾三山亭

竹篱

荷

十字厅

青桂山房

初日轩

含青室

N

10 m

0 2 4 6 8 10

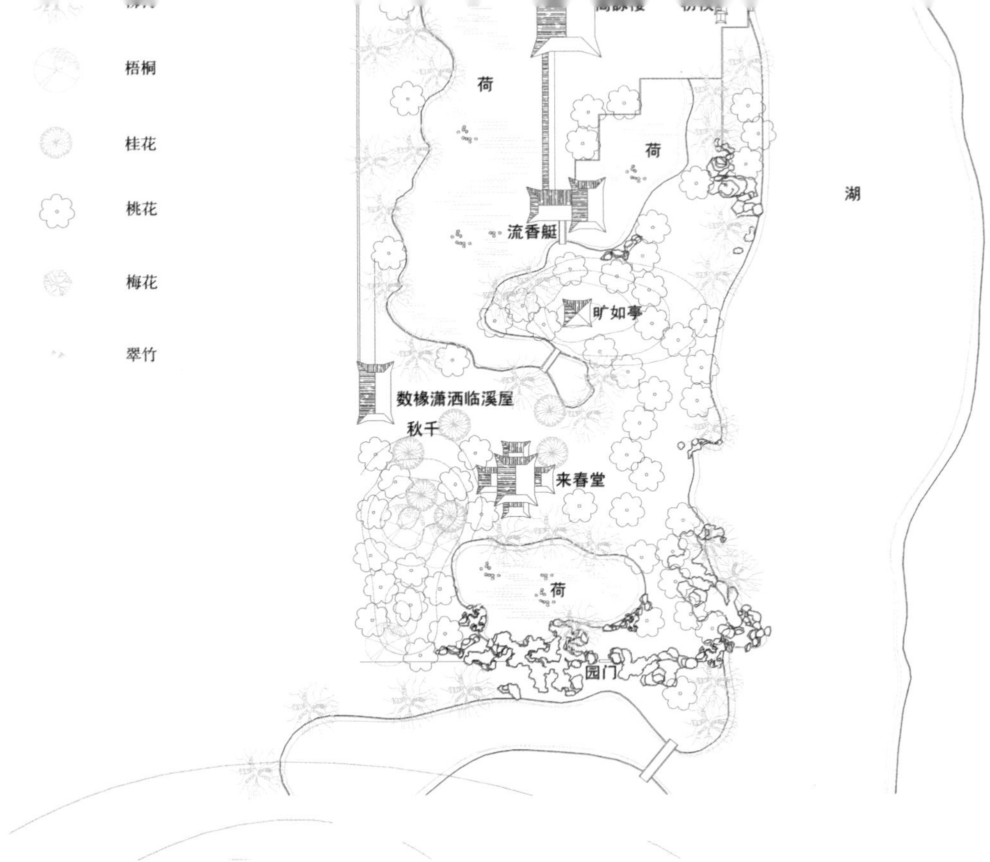

湖

荷

荷

荷

旷如亭

流香馆

数椽潇洒临溪屋

秋千

来春堂

园门

梧桐

桂花

桃花

梅花

翠竹

蜀冈朝旭 复原图

第 24 章　万松叠翠

■景观概要

万松叠翠，始建于乾隆年间，奉宸苑卿衔吴禧祖构，候选布政司经历汪文瑜重修，候选州同张熊又修。位于蜀冈以南的瘦西湖西岸，东与锦泉花屿相对，南接蜀冈朝旭。《扬州画舫录》中描述其特色为"是园胜概，在于近水"。园中主要建筑有桂露山房、萧家桥、嫩寒春晓、涵清阁、风月清华、绿云亭等，植被以松、竹、桂、梅、桃、柳、牡丹等为主。

■文献辑录

《平山堂图志》·卷二

万松叠翠、春流画舫，并奉宸苑卿吴禧祖构，临河东向为厅，前为石台，后由竹径，北折度石桥、穿小山，丛桂至桂露山房，其前即春流画舫也，舫四面垂帘，波纹动荡如织，再由山房历长廊而北，为清阴堂，东面临水，水中为小山，种桃柳与堂对，堂后垒黄石，种牡丹，堂左为旷观楼，楼前石台，楼后曲室，楼左为北楼，对岸水中山际为歌台，楼左逾水廊有屋面山，扁曰嫩寒春晓，梅花盛处也。又左逾曲廊再北有门东向，其中为正厅，门左绕曲廊西折而北为方厅，正与万松亭对，万松叠翠所由名也。厅后稍坐为涵清阁，北由竹门出历山径为水厅，扁曰风月清华，又北缘河滨山际而行至绿云亭而止，其北则与蜀冈接矣。

《扬州画舫录》·卷十五

"万松叠翠"在微波峡西，一名吴园，本萧家村故址，多竹。中有萧家桥，桥下乃炮山河分支由炮石桥来者。春夏水长，溪流可玩。上构厅事三楹，厅后多桂，筑"桂露山房"。下为"春流画舫"，由是过萧家桥，入清阴堂。堂左登旷观楼，楼左步水廊，颜曰"嫩寒春晚"。厅后为涵清阁，阁左筑水厅，颜曰"风月清华"。至此山势渐起，松声渐近，于半山中建绿云亭，题曰"万松叠翠"。

是园胜概，在于近水。竹畦十余亩，去水只尺许，水大辄入竹间。因萧村旧水口开内夹河通于九曲池，遂缘旧堤为屿，屿外即微波峡西岸，近水楼台，皆于此生矣。

竹外"桂露山房"，联云："回风入座飘歌扇（李邕），冷露无声湿桂花（王建）。"前有小屋三四间，半含树际，半出溪湄；开靠山门，仿舫屋式，不事雕饰，如寒塘废宅，横出水中，颜曰"春流画舫"。联云："仙扉傍岩崿（皮日休），小楹俯澄鲜（张祐）。"

过萧家桥入树石中，得屋四五楹；冉冉而转，入厅事三楹，与水更近，颜曰"清阴堂"。联云："风生北渚烟波阔（权德舆），雨歇南楼积翠来（李憕）。"

旷观楼十二间如弓字，每间皆北向，盖至此三山渐出矣。联云："烟草青无际（周伯琦），溪山画不如（杜牧）。"楼后老梅三四株，中有一水如江村通潮，可以单櫂而入；水上构两间小屋，题曰"嫩寒春晓"。联云："鹤群常绕三株树（司空图），花气浑如百和香（杜甫）。"

昔萧村有仓房十楹，临九曲池，是园因之为水廊二十间，由露台入涵清阁。联云："云林颇重叠（贾岛），池馆亦清闲（白居易）。"旁增水厅五楹，水大时，石础松棂，间在水中，紫荇白蘋，时来屋里，题曰"风月清华"，联云："舟将水动千寻日（张说），树出湖东几点烟（曹邺）。"过此土脉隆起，构绿云亭。联云："山深松翠冷（朱庆余），树密鸟声幽（崔翘）。"亭旁石上题曰"万松叠翠"，吴园至此乃竟。

《扬州名胜录》·卷四

"万松叠翠"在微波峡西，一名吴园，本萧家村故址。多竹，中有萧家桥，桥下乃炮山河分支，由炮石桥来者。春夏水长，溪流可玩。上构厅事三楹，厅后多桂，筑"桂露山房"，下为"春流画舫"。由是过萧家桥，入清阴堂。堂左登旷观楼，楼左步水廊，颜曰"嫩寒春晚"。厅后为涵清阁，阁左筑水厅，颜曰"风月清华"。至此山势渐起，松声渐近，于半山中建绿云亭，题曰"万松叠翠"。是园胜概，在于近水。竹畦十余亩，去水只尺许，水大辄入竹间。因萧村旧水口开内夹河，通于九曲池，遂缘旧堤为屿；屿外即微波峡西岸，近水楼台，皆于此生矣。

《平山堂图志》·万松叠翠

《江南园林胜景》（清代）收录自《扬州园林甲天下》扬州博物馆馆藏画本集萃

录文：万松叠翠 奉宸苑卿衔吴禧祖构，候选布政司经历汪文瑜重修，今候选州同张熊又修。园对蜀冈，冈上万松森立，滴露飘花，近落衣袖。

注：万松叠翠，扬州北郊二十四景之一。旧址在今瘦西湖公园北端，扬州金陵西湖山庄东部一带。

《扬州览胜录》·卷二

"万松叠翠"故址在蜀冈下微波峡西，即湖之西岸，正与蜀冈上万松亭对，"万松叠翠"所由名也。旧为北郊二十四景之一。清乾隆间奉宸苑卿吴禧祖构。园内旧有桂露山房、春流画舫、清荫堂、旷观楼、嫩寒春晓、涵清阁、风月清华、绿云亭诸胜，其"万松叠翠"四字即题于绿云亭内者也。此亭久毁，姑记之，以见当年之盛概。

■古图集萃

万松叠翠

瑞坤画于扬州

《扬州画舫录》·万松叠翠

《江南园林胜景》·万松叠翠

第 25 章　锦泉花屿

■景观概要

锦泉花屿，始建于乾隆年间，先后属刑部郎中吴山玉、知府张正治、张大兴。位于石壁流淙以北的湖东岸，北接观音山。《扬州画舫录》等历史文献记载，该园"地多水石花树"，因夹河中有泉两眼，称"锦泉"，又园中花木繁盛，故为"锦泉花屿"。园中主要建筑有菉竹轩、清华阁、笼烟筛月之轩、香雪亭、藤花榭、清远堂、锦云轩、微波馆、迟月楼等。园中植被丰富，有竹、梅、桂花、玉兰、牡丹、松、柏、杉等。

■文献辑录

《平山堂图志》·卷二

锦泉花屿，刑部郎中吴山玉别业，今以属知府张正治，园分东西，两岸一水间之，水中双泉浮动，波纹鳞鳞，即锦泉花屿之所由名也。其东岸在水竹居之右，临河西向为屋，屋左有小厅，屋后为菉竹轩，轩左绕廊迤北为清华阁，轩右历小室东折，由竹径度曲廊为笼烟筛月之轩，轩右又小轩，转北历山径至香雪亭，又北折而下至小方亭，亭后曰藤花榭，榭右自南而北皆长廊，廊之半有室，前后洞达，室后旷然平夷，左右皆回廊。其北为清远室，后为曲室，南为锦云轩与堂对，堂前种松柏、梅花、玉兰与假山相间，旷如奥如，兼有其胜，复西出由长廊以北有杉木丛生最古，又北有小亭在道右，又北为梅亭，又北由长廊至水厅，墙外即观音山，其西岸为微波馆，馆后与藤花榭对，馆前为右罍，台右为长桥，直南至种春轩，轩后又南对岸即清华阁也，桥北为迟月楼，楼东向后倚小山，木樨前后环列，楼右为小阁曰幽岑春色，而水中之观以止。（按：以上各景并在保障河东岸，其次序由南而北）

《扬州画舫录》·卷十四

"锦泉花屿"，张氏别墅也。徐工之下，渐近蜀冈，地多水石花树，有二泉：一在九曲池东南角，一在微波峡，遂题曰"锦泉花屿"。由菉竹轩、清华阁一路浓阴淡冶，曲折深邃，入笼烟筛月之轩，至是亭沼既适，梅花缤纷。山上构香雪亭、藤花书屋、清远堂、锦云轩诸胜，旁构梅亭。山下近水，构水厅，此皆背山一面林亭也。山下过内夹河入微波馆，馆在微波峡之东岸。馆后构绮霞、迟月二楼，复道潜通，山树郁兴。中构方亭，题曰"幽岑春色"，馆前小屿上有种春轩。

菉竹轩居蜀冈之麓，其地近水，宜于种竹，多者数十顷，少者四五畦。居人率用竹结屋四角，直者为柱楣，撑者榱栋，编之为屏，以代垣堵。皆仿高观竹屋、王元之竹楼之遗意。张氏于此仿其制，构是轩，背山临水，自成院落。盛夏不见日光，上有烟带其杪，下有水护其根。长廊雨后，劚笋人来；虚阁水腥，打鱼船过。佳构既适，陈设益精，竹窗竹槛，竹床竹灶，竹门竹联。联云："竹动疏帘影（卢纶），花明绮陌春（王维）。"盖是轩皆取园之恶竹为之，于是园之竹益修而有致。

过菉竹轩，舍小于舟，垂帘一桁，碎摇日月之影；飞鸟嘤嘎，鸟路上窗，盖清华阁也。

笼烟筛月之轩，竹所也。由箂竹轩过清华阁，土无固志，竹有争心，游人至此，路塞语隔，身在竹中，不闻竹声。湖上园亭，以此为第一竹所。

竹外一亭翼然，额曰"香雪"，联云："香中别有韵（崔道融），天意不教迟（熊瞰）。"

藤花榭，长里许，中构小屋，额曰"藤花书屋"。联云："云遮日影藤萝合（韩翊），风带潮声枕簟凉（许浑）。"

绿榭既尽，碧天渐阔；雨斩云除，旷远斯出；叠石构岭，闲宴乃张，遂构清远堂于藤花书屋之北，以为是园宴宾客之地。联云："窗含远色通书幌（李贺），云带东风洗画屏（许浑）。"

锦云轩在东岸最高处，多牡丹，园中谓之牡丹厅，联云："平分造化双苞出（徐仲雅），独占人间第一香（皮日休）。"

九曲池西南角有二泉，水极清洌，谓之双泉，即锦泉也。张氏于此筑水口，引入园中夹河，即东岸观音山尾，任嘉卉恶木，不加斧斤，令其气质敦厚。中有古梅数株，游人不能辨识，惟花时香出，拔荆斩棘巡之，乃可得见。爰于其上建梅花亭，亭外半里许，竹疏木稀，岸与水平，临流筑室，称曰"水厅"。

微波峡，两山夹谷，波路中通，树木青丛，拂蓬牵船，狭束已至。行之若穷，山转水折，忽又无际。东岸构微波馆，联云："川源通雾色（皇甫冉），杨柳散和风（韦应物）。"画舫至，舟子辄理篙楫入峡。

馆后绮霞楼，集晋人句云："春秋多佳日（陶潜），山水有清音（左思）。"楼后复道四达，层构益高，额曰"迟月楼"。楼后峡深岚厚，美石如惊鸿游龙，怪石如山魈木客，偃蹇嵬巍，匿于松杉间。老桂挂岸盘溪，披苔裂石，经冬不涸。构亭其上，额曰"幽岑春色"。馆前宛转桥渡入小屿，屿上构种春轩，如杭州之水月楼，冯积困之无波艇。是园为张氏所建。张正治，字宾尚，诸生。

《扬州名胜录》·卷三

"锦泉花屿"，张氏别墅也。徐工之下，渐近蜀冈，地多水石花树。有二泉：一在九曲池东南角，一在微波峡，遂题曰"锦泉花屿"。由菉竹轩、清华阁一路浓荫淡冶，曲折深邃，入笼烟筛月之轩，至是亭沼既透，梅花缤纷。山上构香雪亭、藤花书屋、清远堂、锦云轩诸胜，旁构梅亭。山下近水构水厅，此皆背山一面林亭也。山下过内夹河入微波馆，馆在微波峡之东岸。馆后构绮霞、迟月二楼，复道潜通，山树郁兴，中构方亭，题曰"幽岑春色"。馆前小屿上有种春轩。

《江南园林胜景》（清代）收录自《扬州园林甲天下》扬州博物馆馆藏画本集萃

录文：锦泉花屿 前员外郎吴山玉旧业，知府衔张正治重修。

《平山堂图志》·锦泉花屿

门前古藤轇葛，蒙络披离。稍进而左，则"锦云轩"。牡丹开时，烂若叠锦。涧西有"微波馆"，源泉出涧中，盈而不竭，时见碧纹粼粼。

注：锦泉花屿，扬州北郊二十四景之一，旧址在今瘦西湖公园北端，范围包括水中岛屿及东岸一带。

《扬州览胜录》·卷二

"锦泉花屿"故址，清乾隆年间为知府张正治园。其景分东西两岸，一水间之。水中双泉浮动，波纹鳞鳞，即"锦泉花屿"之所由名。北郊二十四景中之"花屿双泉"指此。其东岸一段在水竹居右，旧有菉竹轩、清华阁、笼烟筛月之阁、香雪亭、藤花榭、清远堂、锦云轩、梅亭、水厅诸胜。墙外即观音山，其西岸一段为微波馆。馆后与东岸之藤花榭相对，馆前为台。台右为长桥，直南至种春轩，桥北为迟月楼，楼右为小阁，题曰"幽岭春色"，此景亦久废。

■古图集萃

《扬州画舫录》·锦泉花屿

《江南园林胜景》·锦泉花屿

252

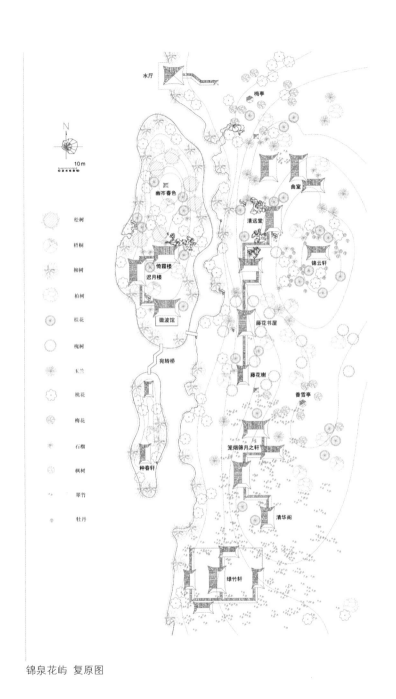

松树
梧桐
柳树
柏树
桂花
槐树
玉兰
桃花
梅花
石榴
枫树
翠竹
牡丹

N
10 m
0 2 4 6 8 10

水厅
梅亭
曲室
幽岑春色
清远堂
倚霞楼
迟月楼
锦云轩
微波馆
藤花书屋
宛转桥
藤花榭
香雪亭
种春轩
笼烟筛月之轩
清华阁
绿竹轩

锦泉花屿 复原图

锦泉花屿

瑞坤画于可园

第 26 章　接驾厅

■景观概要

接驾厅位于瘦西湖北端、万松叠翠与锦泉花屿之间的湖中小岛上，是清乾隆年间为迎接皇帝巡游所建的一座"方盖圆顶"的八角形楼阁建筑。现接驾厅已毁，仅存遗存。遗址位于瘦西湖水体北端、蜀冈东中两峰之间的岛上，北部与蜀冈下道路相连。岛东部有土阜高耸，相对高度约 5 米，与《平山堂图志》等历史图像中反映的地形特征相符。2012 年 2 月，扬州市文物考古研究所在土阜西侧的接驾厅遗址进行考古发掘，总发掘面积 200 平方米，发现三段清代条石建筑基础，总长约 23 米。出土大量绿、黄、蓝、青等色琉璃构件，包括筒板瓦、勾头、滴水、脊兽、脊条、帽钉等。其中部分勾头滴水饰有龙纹、凤纹、朱雀纹，瓦上有"万松亭"等铭文。此外还出土有残砖、石构件及乾隆年间青花瓷盘等遗物。

■文献辑录

《扬州画舫录》·卷十五

微波峡在两山之间，峡东为"锦泉花屿"，峡西为"万松叠翠"。峡中河宽丈许，不能容二舟，故画舫至此方舟者皆单棹而入。入而复出，为九曲池，山围四匝，中凹如椀，水大未尝溢，水小未尝涸，今谓之"平山堂坞"。坞中建接驾厅，八柱重屋，飞檐返宇，金丝网户，刻为连文，递相缀属，以护鸟雀。方盖圆顶，中置涂金宝瓶琉璃珠，外敷鎏金。厅中供奉御制平山堂诗石刻，后设板桥，桥外则水穷云起矣。是园为汪光禄孙冠贤彝士所建。

《扬州名胜录》·卷四

微波峡在两山之间，峡东为"锦泉花屿"，峡西为"万松叠翠"。峡中河宽丈许，不能容二舟，故画舫至此方舟者皆单櫂而入。入而复出，为九曲池，山围四匝，中凹如椀，水大未尝溢，水小未尝涸，今谓之"平山堂坞"。坞中建接驾厅，八柱重屋，飞檐返宇，金丝网户，刻为连文，递相缀属，以护鸟雀。方盖圆顶，中置涂金宝瓶琉璃珠，外敷鎏金。厅中供奉御制平山堂诗石刻，后设板桥，桥外则水穷云起矣。是园为汪光禄孙冠贤彝士所建。

《扬州览胜录》·卷二

接驾厅故址在平山堂坞，清高祖南巡，汪光禄孙冠贤彝士所建。高祖临幸蜀冈，官商接驾于此，故名。今画船来往此间，舟人犹能指点其地。

■古图集萃

《平山堂图志》·接驾厅

258

第 27 章 山亭野眺

■景观概要

山亭野眺，始建于清乾隆年间，为布政使程璵所建，位于功德山半、水马头处，前临保障河，左右映带为万松亭、尺五楼。历史建筑由山亭、南楼、深竹厅、远帆亭等构成，景中植被有竹、桂、荷花等。

■文献辑录

《平山堂图志》·卷二

山亭野眺，程璵建，在功德山半，下为大道，前临保障河，左右映带为万松亭、尺五楼。其后东望，极目千里，如皋、赤岸、通州五山皆近出履舄。下亭左，历小山，西折而下，有小亭。亭前为南楼，楼前修竹丛桂，蓊然郁然。楼南为深竹厅，厅左土山蜿蜒，即与山亭接者也。山之后为荷池，临池为草屋数椽，颜曰"芰荷深处"。

《扬州画舫录》·卷十六

"山亭野眺"在观音山水马头，有远帆亭，联云："稼收平野阔（杜甫），风正一帆悬（王湾）。"亭旁筑台三四楹，榭五六楹。廊腰缦回，阁道凌空。集许浑联云："朱阁簟凉疏雨过，远山云晚翠光来。"

《扬州名胜录》·卷四

"山亭野眺"在观音山水码头，有远帆亭。亭旁筑台三四楹，榭五六楹。廊腰缦回，阁道凌空。

《江南园林胜景》收录自《扬州园林甲天下》扬州博物馆馆藏画本集萃

录文：山亭野眺 在功德山之半。（布政使）理问衔程瓒建，候选道程如霍重修。前为南楼，为深竹厅。山后临池为屋，曰"芰荷深处"。今程玓、鲍光猷又修。

注：山亭野眺，扬州北郊二十四景之一，旧址在今观音禅寺西南半山上。

《扬州览胜录》·卷二

"山亭野眺"故址在观音山水码头，为北郊二十四景之一。亭傍旧景筑台三四楹、榭五六楹，廊腰缦回，阁道凌空，洵为山水间胜境。久圮。此景近在观音山麓，似应兴复旧观，以便香期游人到此闲眺。

■古图集萃

《扬州画舫录》·山亭野眺

《江南园林胜景》 山亭野眺

第 28 章　双峰云栈

■景观概要

双峰云栈，始建于清乾隆年间，为按察使程玓构葺，在蜀冈中、东两峰之间，九曲池上，以栈道通之。历史建筑追至宋代由九曲亭（波光亭）、风台、月榭、五龙庙（九龙庙）、借山亭、竹心亭等构成，至清代由万松亭、听泉楼、香露亭（露香亭）、环绿阁、松风水月桥等构成，景中植被有松、梅、桂、柳等。

■文献辑录

《平山堂图志》·卷二

双峰云栈，在功德山西，程玓所构也。蜀冈相传地脉通蜀，故此建栈道以拟之。由万松亭东历石级而下，北过栈道，循山腰东度石梁，南折过栈道，至听泉楼。楼跨九曲池上，与石梁对，其地即古九曲亭旧址也。楼后缘山数折，为香露亭。山上下皆种梅，左右丛桂森翳，故以名之。循山而南，为环绿阁，阁背山临水，右带蜀冈，左眺平野。九曲池水飞流涌瀑数叠，至阁前入保障河，遂成巨浸矣。阁下有桥，曰松风水月桥，巡盐御史高恒书"松风水月"四字，磨刻崖石。

《扬州画舫录》·卷十六

"双峰云栈"在九曲池。《九朝编年录》云："宋艺祖破李重进，驻跸蜀冈寺，有龙斗于九曲池，命立九曲亭以纪其事。是后又称波光亭。"《江都县志》云:"乾道二年,郡守周淙重建,以'波光亭'匾揭之,陈造有赋。已而亭废池塞。庆元五年,郭果命工浚池,引注诸池之水,建亭于上,遂复旧观。又筑风台、月榭,东西对峙,缭以柳阴,亦一时清境也。"又五龙庙亦作九龙庙,府志云:"在九曲池侧,陈造有记。"又府志云:"宋熙宁间,郡守马仲甫于九曲池筑亭,名曰借山,有诗云:'平野绿阴蔽,乱山青黛浮。'厥后向子固重建。"又县志云:"借山亭下有竹心亭,宋淳熙二年吴企中建,此皆九曲池古迹。今之'双峰云栈',即是地也。""双峰云栈"在两山中,有听泉楼、露香亭、环绿阁诸胜。两山中为峒,今峒中激出一片假水,漩于万折栈道之下,湖山之气,至此愈壮。

蜀冈中、东两峰之间,猿扳蛇折,百陟百降,如龙游千里,双角昂霄;中有瀑布三级,飞琼溅雪,汹涌澎湃,下临石壁,屹立千尺,乃筑听泉楼。楼下联云:"瀑布松杉常带雨(王维),橘州风浪半浮花(陆龟蒙)。"楼上联云:"风生碧涧鱼龙跃(曹松),月照青山松柏香(卢纶)。"

《扬州名胜录》·卷四

"双峰云栈"在九曲池,《九朝编年录》云:"宋艺祖破李重进,驻跸蜀冈寺。有龙斗于九曲池,命立九曲亭以纪其事,是后又称'波光亭'。"《江都县志》云:"乾道二年,郡守周淙重建,以'波光亭'匾揭之,陈造有赋。已而亭废池塞。庆元五年,郭果命工浚池,引注诸池之水,建亭于上,遂复旧观。又筑风台、月榭,东西对峙,缭以柳阴,亦一时清境也。"又五龙庙亦作九龙庙。府志云:"在九曲池侧,陈造有记。"又府志云:"宋熙宁间,郡守马仲甫于九曲池筑亭,名曰'借山'。有诗云:'平野绿阴蔽,乱山青黛浮。'

厥后向子固重建。"又县志云："借山亭下有竹心亭，宋淳熙二年吴企中建，此皆九曲池古迹。今之'双峰云栈'即是地也。""双峰云栈"在两山中，有听泉楼、露香亭、环绿阁诸胜。两山中为峒，今峒中激出一片假水，漩于万折栈道之下，湖山之气，至此愈壮。

《馆藏扬州园林画选》收录自《扬州园林甲天下》扬州博物馆馆藏画本集萃

录文：双峰云栈 万松岭与功德山夹涧而峙，按察使衔程玓、布政司理问衔程瓒（于此）为桥，以通往来。又于功德山之阴，缒幽凿险，筑"听泉楼"。飞泉喷薄，阴森幽邃。尘坌不及，庶几静如太古。

《扬州览胜录》·卷二

"双峰云栈"在蜀冈两山中，为北郊二十四景之一。旧有听泉楼、露香亭、环绿阁诸胜。其景之胜处，则在蜀冈中东两峰之间，猿扳蛇折，百陟百降，如龙游千里，双角昂霄。中有瀑布三级，飞琼溅雪，汹涌澎湃。下临石壁，屹立千尺。清乾隆间，上建栈道木桥。道上多石壁，桥旁壁上刻"松风水月"四字，御史高恒书。今栈道木桥虽毁，而两峰间之瀑布，雨后犹有可观。

■古图集萃

《扬州画舫录》·双峰云栈

《馆藏扬州园林画选》·双峰云栈

双峰云栈

瑞坤作于可园

双峰云栈 手绘图

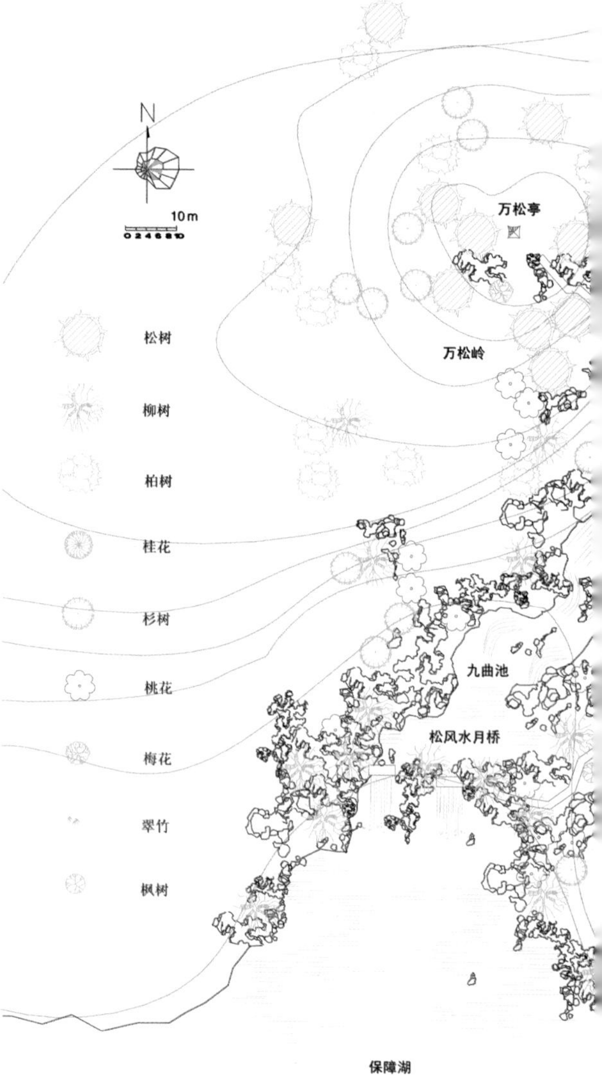

N

10m
0 2 4 6 8 10

松树
柳树
柏树
桂花
杉树
桃花
梅花
翠竹
枫树

万松亭

万松岭

九曲池

松风水月桥

保障湖

双峰云栈 复原图

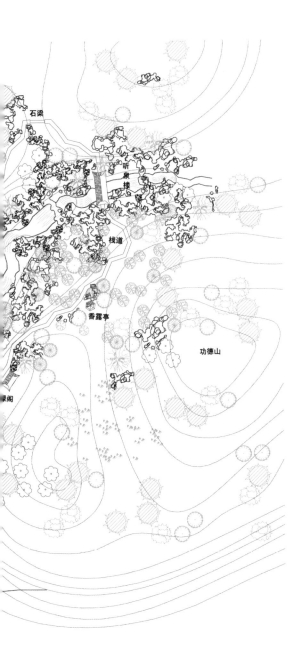

石梁

听泉楼

栈道

香露亭

功德山

泉阁

后 记

冬 冰

2006 年年底，国家文物局公布《中国世界文化遗产预备名单》，跟扬州有关的项目有两个：大运河、瘦西湖及扬州历史城区。2012 年 9 月，这一名单重新调整后公布，扬州从两项增加到三项：大运河、海上丝绸之路、扬州瘦西湖及盐商园林文化景观。

对扬州来说，六年两份名单的背后是，扬州牵头大运河联合"申遗"跑到冲刺线；正式参与海上丝绸之路 9 城市共同"申遗"；扬州地方"申遗"项目路径主题重新明确。

项目及名称的调整只是一个结果，作为参与者、亲历者，我们的团队感受到的是资料收集整理的琐碎辛苦，观点交锋碰撞的认真执著，路径价值苦苦寻觅中的焦虑担忧，峰回路转重生后的豁然开朗。

对那些幸存下来的扬州文化遗产点而言，这六年是其保护水平不断提升的过程：通过"申遗"推动，借助专业机构，按照世界遗产标准要求，扬州相关古建筑、遗址、河道、景观的基本尊严得以维护，保护状态得以改善，抗风险灾害的能力得以加强。

这六年更是扬州文化遗产价值重新发现的过程。扬州是一个对中国封建时代的经济政治文化作出了巨大贡献、产生过重要影响的通史式城市。但在"申遗"之前，罕有把扬州文化放在世界历史进程中，从人类文明演进的高度，对其价值进行梳理、研究、比较、审视。这些年来，借助三项"申遗"项目的带动，国际古迹遗址保护协会、中国建筑设计研究院历史研究所、中国文化遗产研究院、清华大学、同济大学等专业机构的专家与扬州申遗办团队一道，共同探寻扬州遗产的特色、内涵，思考大运河、海上丝绸之路、瘦西湖及盐商园林在中国文化、人类历史发展过程中的作用地位。一次次考察讨论交流碰撞带来了一次次认识上的提高。《世界的扬州·文化遗产丛书》就是三项"申遗"工作进行以来大家认识、思考的积累转化，一章章一节节的陈述判断提炼，共同展示扬州文化遗产价值再发现的初步成果。

成果来源于"申遗"过程，服务于"申遗"目标，更服务于扬州这座城市。近年来，扬州"深刻认识城市文化价值、坚守城市文化理想、突出城市文化特色，取得了遗产保护与城市发展双赢"，城市"人文、生态、精致、宜居"特色愈加明显，以大运河、海上丝绸之路、瘦西湖及盐商园林为代表的扬州文化遗产在城市发展中的地位和作用日益凸显。

"国以人兴，城以文名"。扬州市委市政府提出建设世界名城的奋斗目标，深厚的历史文化资源是扬州迈向这一目标的基础力量。在世界名城建设总体战略总局中，两个重要的着力点是将瘦西湖建成世界级公园、打造以大运河扬州段"七河八岛"为生态核心的江广融合地带生态智慧新城。《世界的扬州·文化遗产丛书》从前所未有的跨领域视角——历史、美学、文献学、遗产学、考古学、建筑景观学、民俗学等，较为系统地分析扬州文化遗产的历史原貌、物质形态、精神气质、布局结构、发展演化、建筑风格、构成要素等内容，并站在人类文明和普世精神的高度，对瘦西湖、大运河扬州段、海上丝绸之路扬州史迹等进行观察和阐述，它的出版将为扬州建设世界名城提供一个广域的参照，诠释扬州这座城市的世界精神，揭示扬州的历史内涵，展现扬州独特的文明价值。

六年来，跟我们一起走过这一过程的有：国家文物局和江苏省文物局的各位领导；国内外专业机构、高校专家及同行；扬州历任市领导；扬州地方

后记

271

文史专家；热爱家乡历史、珍爱古城文化的扬州市民。感谢他们多年来对扬州文化遗产事业的一贯支持，对扬州文化遗产保护研究队伍的指导和帮助，对扬州这座城市多年来无怨无悔的奉献和热爱。

本书编写时间紧、任务重，相关资料更是浩如烟海。限于编者的水平，难免挂一漏万，不当之处，恳请读者指正。

2013 年 3 月 1 日